"地球"系列

THE
STORM

风 暴

[英] 约翰·威辛顿◎著

吴 帆◎译

上海科学技术文献出版社

Shanghai Scientific and Technological Literature Press

图书在版编目（CIP）数据

风暴／（英）约翰·威辛顿著；吴帆译． —上海：上海科学技术文献出版社，2022
（"地球"系列）
ISBN 978-7-5439-8474-5

Ⅰ.①风… Ⅱ.①约…②吴… Ⅲ.①风暴—普及读物 Ⅳ.①P425.5-49

中国版本图书馆CIP数据核字(2021)第223007号

STORM

选题策划：张 树　　　责任编辑：姜 曼
助理编辑：仲书怡　　　封面设计：留白文化

风 暴
FENGBAO
[英]约翰·威辛顿 著　　吴 帆 译
出版发行：上海科学技术文献出版社
地　　址：上海市长乐路746号
邮政编码：200040
经　　销：全国新华书店
印　　刷：商务印书馆上海印刷有限公司
开　　本：890mm×1240mm　1/32
印　　张：5.75
字　　数：105 000
版　　次：2022年4月第1版　2022年4月第1次印刷
书　　号：ISBN 978-7-5439-8474-5
定　　价：58.00元
http://www.sstlp.com

目 录

前　言

　　1908年，英国作家杰罗姆·K.杰罗姆（Jerome K. Jerome）写道，没有什么比"经受住生活风暴的爱情更美丽"；而早在19世纪，诗人拜伦勋爵笔下的《阿比多斯新娘》中，主人公就恳求爱人："愿你成为生活风暴中的彩虹！"

　　风暴作为当今地球上数以千计的自然冲击的象征被使用不足为奇。因为我们每个人都会经历这种突然、令人敬畏、有时令人恐惧的自然力量的展示，如暴风雪、冰雹、雷电、暴雨、沙尘暴、龙卷风和飓风。基督教中充满了风暴的隐喻。卫理公会的联合创始人查尔斯·卫斯理（Charles Wesley）写了一首赞美诗，请求耶稣保护我们"直到生命的风暴过去"；另一位作家罗伯特·格兰特爵士（Sir Robert Grant）在其19世纪创作的诗歌中，将风暴描述为恐怖的上帝力量的展现：

大风"猛击、怒吼、无休止"。一场热带风暴

　　"他的愤怒战车

　　形成厚厚的雷云，

黑暗是他的道路
在风暴的翅膀上。"

1995 年 6 月 2 日 得克萨斯州迪米特的一场龙卷风

　　风靡的流行乐团大门组合（The Doors）唱道，每个人都是"风暴骑士"，被抛入动荡的生活。这首震撼力极强的摇滚歌曲是乐队与其备受争议的主唱吉姆·莫里森（Jim Morrison）一起录制的最后一首歌曲，据说在他 27 岁去世的那天，这首歌曲被列入热门歌曲。滚石乐队的《跳跃的闪电杰克》诞生于一场"交火飓风"，而贝多芬《田园交响曲》的第四乐章名为《暴风雨》。许多名人的名字都影射风暴，比如"闪电"·霍普金斯（Lightnin' Hopkins）、"龙 卷 风 "（The Tornados）、"飓风"（The Hurricanes）等音乐家，以及斯诺克选手亚历克

斯·"飓风"·希金斯（Alex 'Hurricane' Higgins）、拳击
手鲁宾·"飓风"·卡特（Rubin 'Hurricane' Carter）、快
球手弗兰克·"台风"·泰森（Frank 'Typhoon' Tyson）等
体育界英雄。既然如此，那么战争的语言充满"风暴"
意象也就不足为奇了，"风暴"·诺曼·施瓦茨科普夫
（'Stormin' Norman' Schwarzkopf）将军领导了入侵科威
特；战斗机也被称为龙卷风、台风和闪电。

与杰罗姆和拜伦一样，许多其他作家也运用风暴的
意象，例如约翰·韦伯斯特（John Webster）在《白魔鬼》
中写道：

"我的灵魂，就像黑风暴中的一艘船，

被驱赶着，我却不知道冲向哪里。"

温斯顿·丘吉尔（Winston Churchill）将其第二次世
界大战回忆录的第一卷命名为《集结风暴》。日常用语中
也频繁出现关于风暴的比喻，比如，人们可能遭受冰雹
般的侮辱；不幸如闪电；我们激起了暴风雨般的争论，
或赢得了雷鸣般的掌声。

本书讲述风暴的故事。风暴如何颠覆一些人的生活，
另一些人又如何需要风暴维持生存。风暴如何改变了历
史进程，并在艺术、电影和文学中发挥重要作用。人类
如何试图观察甚至控制风暴，以及人类与风暴的关系在
未来会如何改变。

I. 故　事

"暴风雨来临时，我会抓狂，不知道该如何应对。""只是闪电就让我浑身起鸡皮疙瘩。""我尽力保持理智，尽力承认雷声只是噪音，并不会要我的命。"这些只是害怕风暴的部分人们在网上发出的发自内心的痛苦号叫。一位资深气象学家透露，他"被雷声和闪电吓呆了"，而这正是他追求事业的动力。如果拥有丰富科学知识的现代人都如此惧怕风暴，那么对于没有任何工具用来理解风暴的祖先来说，这一突如其来、肆意妄为、令人生畏的力量会产生怎样的影响呢？

难怪在许多西方传统神话故事中，主神都是雷电之神。例如，古希腊万神殿的首领宙斯经常被描绘为挥舞着雷霆的形象，掌管着风、雨、闪电和雷的发出。据说宙斯的声音夹杂在撞击声中，因此常遭雷击的地方都用栅栏围起来奉为圣地。根据一些解释，古希腊英雄的最后归宿——极乐世界（The Elysian Fields）得名于雷电。古希腊人认为橡树是最常被闪电击中的树（正如一句老话所警告的，"当心橡树，它会引来闪电"），据说宙斯崇

I

拜多多那（Dodona）的一个特殊物种，因此那里的雷暴比欧洲任何地方都要频繁。宙斯的年轻同事——北风之神伯利亚斯（Boreas）是一位脾气暴戾的好斗之神，被称为"吞噬者"。据说伯利亚斯与雌马交配，因此有一种迷信说法流行起来，即如果雌马将其后躯迎着北风，就可以在没有雄马的情况下受孕。伯利亚斯试图向欧列提亚（Oreithyia）公主求爱，但他无法轻柔地呼吸，因此结为恋人是不可能的，伯利亚斯求爱失败。最后，他原形毕露，诱拐了欧列提亚公主。古希腊人发现伯利亚斯的大风有时非常有用。公元前480年雅典受到波斯人威胁时，伯利亚斯用大风摧毁了敌人的舰队。其余的时候，伯利亚斯的干预就没那么受欢迎了。特洛伊城摧毁后，埃涅阿斯（Aeneas）和他的追随者逃离特洛伊时，被宙斯的妻子赫拉（Hera）发现了。赫拉仍对特洛伊人怀恨在心，因为在女神选美比赛中，帕里斯（Paris）没有选她，而选了阿芙罗狄蒂（Aphrodite）。她让伯利亚斯和其他风神激起可怕的风暴，以使埃涅阿斯的船面临摧毁的危险，后来，宙斯的哥哥波塞冬（Poseidon）平息了风暴，平静了大海，特洛伊人得以在迦太基（Carthage）避难。

古希腊人对雷电之神的崇敬可能是受到与他们关系密切的人的古老宗教的影响，比如赫梯人（the Hittites），他们在公元前2000年征服了安纳托利亚和小亚细亚的大部分地区。风暴之神塔伦（Tarhun）是他们的其中一个主神。尽管他带着棍棒或斧头，但和宙斯一样，他的象

木板油画《伯利亚斯诱拐欧列提亚》，彼得·保罗·鲁本斯，作于 1615 年

征是雷霆。塔伦从更早的风暴之神特舒伯（Teshub）演变而来，特舒伯受到胡里安人（Hurrians）人的崇拜，在公元前 3000 年的美索不达米亚（今伊拉克）首次出现。在有些描述中，特舒伯的坐骑是公牛拉的战车。事实上，风暴神遍布整个中东，罗马的主神朱庇特（Jupiter）也是

雷电之神。朱庇特对应古希腊主神宙斯，任何遭到雷击的地方都归他所有。这种对风暴之神的崇拜说明了人类与风暴之间一直存在的矛盾关系。风暴之神可能带来恐惧、破坏甚至死亡，但也会带来对生命至关重要的好处，如雨水。在美索不达米亚的吉苏城，尼努尔塔（Ninurta）不仅是雷电之神，也是耕犁之神。"Ninurta"意为"雨云（Rain Cloud）"，尼努尔塔有时被描绘成大片雷云，形状像一只长有狮头的巨大的黑鸟，张开翅膀漂浮着。尼努尔塔的父亲是恩利尔（Enlil），"Enlil"意为"风神（Lord Wind）"。不管是猛烈的飓风还是轻柔的微风都应该从他的嘴里发出来。恩利尔是众神的执行者，执行他们的法令。

古文献记载，恩利尔负责最初的天地分离，而在公元前3000年的一个美索不达米亚故事《吉尔伽美什史诗》（*The Epic of Gilgamesh*）中，他被召唤去执行一个可怕的任务。在这个故事中，人类数量众多，以至于他们发出的噪音难以忍受，众神再也无法入睡。所以他们决定消灭人类。尼努尔塔化白昼为黑暗，并激起了一场暴风雨。风暴肆虐，越来越狂，像潮水一样倾泻在人们身上。人类既看不到身边的弟兄，也看不到天堂的人。就连众神也吓坏了。六天六夜，狂风大作，狂风暴雨淹没了整个世界。到了第七天，风暴平息了，大海像屋顶一样平坦。到处都是一片寂静，全人类都变成了黏土。也不完全是。在恩利尔不知情的情况下，一位神向一个名叫乌特纳皮什蒂姆（Utnapishtim）的人透露了即将到来的灾难，乌特纳皮什蒂姆和家人雇用了一艘船逃跑了，还带上了部分的野生野兽、驯化野兽和建造这艘船的工匠。

起初，恩利尔非常生气。"没有人能幸免于难!"他怒不可遏，但最终还是让步了，甚至赐予乌特纳皮什蒂姆和妻子永生。公元前1000年以前，恩利尔一直被尊为一位重要的神，但后来被巴比伦城的主神马杜克（Marduk）取代为神的执行者，马杜克也是雷暴之神。有一个故事证明了风暴神是一个多么可怕的神，证明了他的取代是正确的。据说很久以前，他曾与一支由原始混沌的怪物提亚玛特（Tiamat）率领的军队作战。马杜克（Marduk）跃入他的风暴战车发射闪电，释放风暴，放出了猛烈、炙热的狂风和台风、无可比拟的飓风。

巴比伦和亚述的神阿达德（Adad）像尼努尔塔一样，有着矛盾的人格，既是生命的毁灭者，又是生命的赐予者。他的风暴带来了黑暗、贫乏和死亡，但他的雨水使土地能够生产粮食。乌尔附近的凯布里吉（Kiabrig）的城市之神尼哈尔（Ninhar）也是如此，他是雷电和暴雨之神，使沙漠变绿，常被描绘成一头咆哮的公牛。对迦南人（Canaanites）来说，众神之王是风暴之神巴利（Baal），也称"驾云者"。巴利也代表着生命和孕育，与死神和不育之神进行了一场永无休止的战争。他得势时，庄稼就长得好；他不得势时，就会有干旱。

地上的强者试图利用风暴所激发的敬畏精神，这不

足为奇。赫梯人认为国王是他们的暴风
之神——塔伦的世俗代表，而在今天的
土耳其，阿拉拉克（Alalakh）国王伊德
里米（Idrimi）则称自己为"暴风之神的
仆人"，他认为暴风之神是"天堂之主"。
然而，对一些人而言，仅作为风暴之神
的代表是不够的。古希腊埃利斯（Elis）
的国王萨洛蒙尼斯（Salmoneus）通过在
战车后面拖曳青铜水壶或驾车驶过青铜
桥来模仿雷声，通过投掷燃烧的火把以
模仿闪电。他宣称自己就是宙斯，并要
求人们为他献祭。公元前 8 世纪，意大
利阿尔巴隆加（Alba Longa）的一位古代
国王陷入了类似的幻想。为了证明他是
一位与朱庇特同级甚至更高级的神，他
制造了模拟雷声和闪电声的机器，在真
正的暴风雨爆发时，他会让士兵们用剑
敲打盾牌，试图淹没雷。朱庇特最终似

巴利石刻，雕刻于公
元前 15 世纪

乎厌烦了这些滑稽动作，因为故事是这样说的：在一场
猛烈的风暴中，国王被劈死，宫殿也被摧毁了。

　　北欧寒冷地区会诞生一位著名的风暴之神也是意料
之中的事。留着红胡须、身体强壮无比的索尔（Thor）
受到人们的崇拜。他的名字是雷电的代名词，在冰岛等
国家，他是备受尊敬的神。无论何时发生战争，他都是

布面油画《雷神索尔大战巨人》, 作于 1872 年

众神的斗士，是他们敌人的死敌，却是人类的朋友。11
世纪的德国编年史作家不来梅的亚当（Adam of Bremen）
记录了索尔给人类带来的好处，因为他不仅控制着雷声、
闪电、风和雨，还控制着晴朗的天气和丰收的庄稼。像
朱庇特一样，索尔也有以他的名字命名的一天：星期四。
据说，索尔乘坐的是山羊拉的战车，雷声就是这一交通
工具发出的声音。雷霆是他的主要武器，最有代表性的
就是雷神之锤（Mjölnir），这是一种矮人锻造的短柄魔法
锤，具有许多神奇的属性，比如可以像回旋镖一样回到
投掷者身边。传说，一个名叫索列姆（Thrym）的巨人
偷了这把锤子，要求将芙蕾雅女神嫁给他才能归还锤子。
索尔化装成新娘参加了婚礼，尽管吃了一头牛和八条鲑
鱼，也没有被察觉。后来他抓起铁锤，屠杀了索列姆和
他的巨人部下。像古希腊人一样，北欧人也把橡树与雷
神紧密地联系在一起，无论是索尔还是其在斯拉夫语中
的对应神佩伦（Perun）。

　　佩伦和索尔有很多相似之处。佩伦也有一把扔出去
可自动回到他手中的斧头，战车由一只巨大的公山羊拉
着在天空横穿。这位斯拉夫神非常令人敬畏，因为他使
用雷声和闪电来打击冒犯他的人，同时他也促进生育，
并且在春天，他用雷声将大地从冬天死亡般的沉睡中唤
醒。有一种观点认为，黑暗把太阳囚禁在牢房里，只有
佩伦的闪电才能打开牢房的门。佩伦在战斗中发挥了重
要作用，为他所钟爱的士兵赢得了胜利。据说在诺夫哥

罗德，为了纪念他，橡木火昼夜燃烧着，如果火熄灭了，那些失职的侍从会被处死。根据 6 世纪的拜占庭历史学家普罗柯比（Procopius）的记载，斯拉夫人（the Slavs）将佩伦视为他们的主神——"万物之主"。人们用公鸡、牛、其他动物来祭祀他。

　　"佩伦"是伯库那斯（Perkuns/Perkunas），人们为了纪念他，也用神圣的橡木点燃永恒之火，不断燃烧。伯库那斯被认为是塑造世界的神圣铁匠，在创造万物过程中起了至关重要的作用。他的职责之一是充当正义之神：他因海洋女神与凡人的恋情而杀死了她，因月神绑架了金星而打碎了月神的脸。他坚持不懈地追赶魔鬼，魔鬼有时会躲在树上，最终被伯库那斯用闪电击垮。农民会在干旱时向他献祭牲畜，喝啤酒向他致敬，围着篝火跳舞以期能够降雨。芬兰人认为雷暴是他们的雷神乌戈（Ukko）正向妻子求爱的标志，而在不列颠群岛和高卢，凯尔特人崇拜风暴之神塔拉尼斯（Taranis）。据说他的献祭品，无论是人还是动物，都放在巨大的柳条箱中，然后焚烧。在远离欧洲的印度，风暴之神因陀罗（Indra）也是早期印度神话中的众神之王。骑着长有四只长牙的白色巨象的他是一位伟大的战士，在战斗中击败了众神的敌人。恶魔之母狄蒂（Diti）决定生一个儿子，比因陀罗更强大。她的丈夫告诉她，只有怀孕一个世纪之久，并且在此期间严格遵守所有规章，才可以实现。狄蒂同意遵守这些苛刻的条件，但在她睡着时，因陀罗拿着剑，把她腹中的孩子杀死了。

　　瓦拉巴查里亚（the Vallabhacharya）讲述了因为因陀罗嫉妒而发生的事：一些牧牛人正要崇敬因陀罗，这时奎师那劝说他们崇敬牛增山（Mount Govardhana），奎师那后来成为牛增山的山神。因陀罗勃然大怒，发起了七天七夜的可怕风暴。为了保护牧牛人以及他们的牛群，奎师那将牛增山擎起当作雨伞。

　　许多风暴神都与混乱和破坏联系在一起。古埃及神赛斯（Seth）就是其中之一。他有着犬科动物的身体、倾

水彩画《风暴之神因陀罗骑四牙象》，作于 1830 年

斜的眼睛、尖而长的鼻子和分叉的尾巴，他也是战乱之神，体现了改变现状的创造性价值。日本的风暴神须佐之男（Susano-o-no-Mikoto），其名字的意思是"冲动的男性"，他摧毁了稻田。后来被逐出天界后，他在人间做了一件好事，杀死了一条一直在乡村肆虐的八头龙。中国的雷神（雷公）是一种令人敬畏的蓝色生物，长有爪子和蝙蝠的翅膀，身上只裹一条腰布。他用木槌敲鼓发出雷声，用凿子惩罚作恶的人。雷公的惩罚性职责使人们特别敬重他，以期他能伤害他们的敌人。雷公虽然脾气不好，但也有温柔的一面。一天，有个年轻人在山坡上拾柴火和草药，突然听到雷声巨响。他抬头一看，发现雷公被困在树上的一个裂隙里。雷公解释说，他被困在树上了，正一直试图将树劈开，并表示如果年轻人愿意帮助解救他，他将给予奖励。他一被解救，就告诉年轻人，遇到麻烦时可以寻求他的帮助，但他警告说，不要为任何微不足道的小事而援用。这个年轻人日常行善，治病救人，但因得罪当地的一个官吏而被逮捕。就在这时，年轻人请求雷公帮助，雷公立即发出了一声雷鸣，雷鸣之猛让那官员担心自己的生命安全，于是释放了年轻人。雷公的妻子是电母，她手持铜镜，一闪就能产生闪电。雷公也有助手，比如把剑浸入锅里就会引发倾盆大雨的玉子以及能从山羊皮袋里释放狂风的风婆。

　　欧洲人第一次探索美洲时，他们遇到了一种可怕的新型风暴。一位 16 世纪的作家描述了这场巨大暴风雨来临的样子：

> "仿佛要把天地分裂……雷声隆隆，噼里啪啦，电光闪闪，一个接一个，好像天空中充满了火。很快，一大片浓厚而可怕的黑暗降临，使白天比任何夜晚都更加黑暗。"

风暴非常猛烈，"它把许多大树连根拔起，扔了出去"，许多房屋和村庄也被摧毁了。哥伦布前三次航行在天气方面相当幸运，尽管在第二次航行中，他在一次可能是水龙卷的事故中损失了3艘船。但他曾听到当地泰诺人用"飓风"这一名字谈论有着不可思议力量的风暴。1502年，在他的第四次远征中，他发现海上不祥的巨浪和上面可怕的云层，他们认为这预示着不祥事件的发生，于是躲进了一个港口。果然在这场可怕的风暴中，另一支西班牙舰队的30艘船中有25艘沉没了。西班牙探险家们发现乌拉坎（Huracan/Jurakan）是一个掌管风和毁灭的邪恶之神，当地人会通过喊叫和击鼓试图把他赶走。西班牙人到达时，泰诺人居住在古巴、伊斯帕尼奥拉岛和加勒比海其他地区（他们因虐待、饥饿和疾病而在半个世纪内几乎灭绝），他们认为乌拉坎是创造天地的女神阿塔贝（Atabei）的儿子。乌拉坎有一个兄弟继续阿塔贝的事业，创造了太阳和月亮，在地球上种植了植物，繁衍了动物，但这让乌拉坎嫉妒不已，他开始用可怕的大

彩色平版印刷画《哥伦布首次登陆新大陆》(虚构), 作于 1893 年

风撕裂世界。图像显示,乌拉坎(Huracan)有两只独特的手臂从身体两侧螺旋伸出,这引发了人们的猜测:泰诺人可能是根据地面损坏的结构推断出飓风的旋涡模式,而现代人在数百年后才开始察觉到这一点。

　　在大陆上,阿兹特克(Aztecs)是一个强大的民族,他们征服了墨西哥中部和南部的一个庞大帝国,但阿兹特克人非常害怕一个名叫特拉洛克(Tlaloc)的神,因此向他献祭孩子。他能发射闪电,能降雨也能止雨,还能发动毁灭性的飓风。他戴着一个奇特的面具,硕大的圆眼睛和尖长的獠牙,还能散播麻风和浮肿等疾病。人们相信死于这些疾病或遭闪电击中的人死后在天堂会过

布面油画《一艘在公海上航行的船遇到了狂风》，小威廉·凡·德·维尔德，作于 1680 年

上幸福的生活。玛雅人有一个庞大的帝国，遍及墨西哥、危地马拉和伯利兹，他们在奇琴伊察也向与特拉洛克相似的恰克（Chac）神献祭。北美当地人也有风暴神。加利福尼亚的迈杜人认为，伟人创造了世界及所有人类，雷电袭击意味着伟人从天而降。许多北美部落崇敬雷鸟，雷鸟从喙发出闪电，拍打翅膀产生雷鸣。多亏这一强大的神灵，土地得到了灌溉，变得肥沃。欧洲、亚洲和非

位于墨西哥国家人类学博物馆的阿兹特克神特拉洛克的巨石，据说该神可以投掷闪电和释放飓风

墨西哥奇琴伊察卡
斯蒂略金字塔，建于
9—12 世纪

洲也发现了有类似神灵的证据。在今天尼日利亚的部分
地区，约鲁巴人仍崇敬风暴神尚戈（Shango），他手持双
头斧，身边还有一只公羊。在每年的盛会上，牧师跳舞
进入深度沉迷的状态，通过手臂闪电般快速的动作来表
达尚戈的愤怒。

　　新西兰一个丰富多彩的毛利神话进一步证明了风暴
神真的存在于全世界的神话中。这个毛利神话讲述了天
神兰奇（Rangi）和大地女神帕芭（Papa）感情非常好，
但他们的孩子始终无法离开母亲的子宫。最终，他们的
孩子森林之王经过多次尝试，终于成功将这对深情的夫
妻分开。而这惹恼了风暴神塔里玛拉提（Tāwhirimātea），
因为他在母亲的子宫中非常幸福。于是他发出猛烈的暴
风、旋风、雷暴和飓风，吹倒森林，迫使生活在树枝上

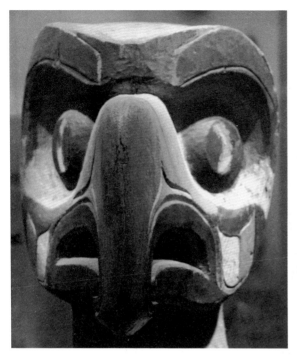

《彩雕雷鸟》，不列颠
哥伦比亚省

带有尚戈雕刻的权杖，
尼日利亚，作于 1900 年

的鱼逃到海里避难。只有凶猛的人类之神图玛图恩加
（Tūmatauenga）起来对抗他，吃掉了他所有的兄弟姐妹，
让他独自与塔里玛拉提（Tāwhirimātea）战斗。尽管经历
了长期的斗争，造成了足以形成太平洋的大洪水，但他
仍无法击败风暴神，只好让他继续作为陆地和海洋上人
类的敌人而继续生存。

　风暴在西方传统故事中也扮演着重要的角色。故事
中的神有时用风暴作武器使用。就像在《吉尔伽美什史
诗》中一样，上帝用一场猛烈而漫长的暴雨打开"天堂

彩色玻璃窗《约拿和鲸鱼》，19 世纪作于沙特尔圣艾尼昂教堂

之窗"，创造了大洪水，席卷了全人类，方舟上的挪亚及其家人得以幸免。

　　风暴神的崇高地位说明了人类是多么渴望在某种程度上控制风暴，因此风暴神成为许多神话故事的中心也就不足为奇了。也许是因为猫与女巫的联系，有时被认为与风暴有关。1773 年的一首押韵诗讲述了猫的行为是如何预示野外天气的：

　　　　"每遇降雪或冰雹，
　　　　或喧闹的狂风暴雨；
　　　　她跳来跳去，摇着尾巴，

表演很多花样。"

　　如果猫变得过于活泼，那么水手们尤其会感到焦虑，因为他们认为猫尾巴上有"狂风"。他们还认为把猫扔下船一定会引发风暴。此外，狗有时也会和暴风雨联系在一起。1577 年 8 月的一个星期日，一场猛烈的雷暴破坏了萨福克郡的布莱斯堡和邦吉的村庄，一份当代报道称，人们看到一只形状可怕的黑狗，看起来像魔鬼，伴随着可怕的火光，黑狗四处奔跑，造成多人死亡、受伤。头发也与风暴有关系。阿拉斯加的特林吉特印第安人认为，风暴可能是一个女孩在户外乱梳头引起的，而在苏格兰高地，人们认为如果一个女人有在海上工作的兄弟，她就不应该在晚上梳头。古罗马人认为船上的任何人都不能剪头发或剪

《在加利利海上遇到风暴》，卢道夫·巴胡伊岑，作于 1695 年

指甲，除非是在暴风雨中，因为到那时试图阻止暴风雨已经没有意义了。新西兰的毛利人在理发时采取细致的预防措施。据说在说完防止雷电的咒语后，剪头发的人和理发师都有各种禁忌，例如不能碰食物，不能与他人交往，以及在一段时间后恢复正常工作。在提洛尔，人们认为女巫可以用剪掉的头发呼唤冰雹或雷雨。

正如我们所见，古希腊人崇敬遭雷电击中的树木，在其他文化中，人们也认为遭雷电击中的树木具有魔力。在中欧地区，人们认为树遭雷击后就会长出形状像鸟巢的"雷扫帚"。一种迷信的说法认为如果有人将其放入家庭壁炉燃烧，"雷扫帚"就能保护房子免遭摧毁。另一方面，一些撒克逊农民担心燃烧遭雷击树木的木柴可能会让房屋着火。南部非洲的特松加人也持同样的观点，不列颠哥伦比亚省的一个部落在想要点燃敌人的房子时，一定会使用由遭雷击的树木制成的箭。

努特卡人相信双胞胎能支配风暴，而在莫桑比克的德拉瓜湾的班图部落中，人们认为双胞胎的母亲能支配风暴。如果风暴不能提供足够的雨水，部落的妇女就会穿上用草做成的腰带和头饰、用树叶做成的短裙，绕着每口井清理泥浆。接着，她们就会提着一桶桶水，前往生了双胞胎的女人的家中，把水淋在她身上。但有时，人类（尤其是水手）需要的是风而不是雨。正如中国古人相信有一位神把风装在袋子里一样，古希腊人也讲述了尤利西斯如何从风神埃俄罗斯（Aeolus）接收风并装在皮囊中。设得兰群岛的老妇人和芬兰的巫师都会将打好结的风卖给水手。芬兰水手解开第一个结会得到温和的风，解开第二个结会得到大风，而解开第三个结则会引发飓风。

因纽特人在风暴肆虐的时间太长而食物短缺时，有许多权宜之计来平息风暴。一种是拿着一条海藻做的长鞭，站在海滩朝风的方向挥去，并大喊："够了！"另一种是在海岸生火，男人们围在火堆周围唱歌，然后一位老人用哄劝的声音邀请风魔来取暖。一旦他们认为风魔到了，因纽特人就会向火堆泼水，然后向火焰所在的地方射箭。因为他们认为风魔不会待在一个遭如此虐待的地方。在阿拉斯加，因纽特女人会拿着棍棒和刀子在空中传递以驱赶风神，而男人则会用步枪向他射击。这种对抗风暴的想法似乎得到了广泛的实践。在婆罗洲和苏门答腊岛，当地王公率领攻击时使用剑，而在东非的贝都因人使用匕首。如果风吹倒小屋，巴拉圭的佩亚瓜斯人（Payaguas）会用拳击打风，或用火把威胁它。非洲南部的科伊科伊人用的是另一种方法：他们拿起最重的兽皮，挂在一根杆子上，认为风在试图将兽皮吹下来时，会把自己耗尽。

詹姆斯·乔治·弗雷泽爵士（Sir James George Frazer）在1890年发表研究，写道在普罗旺斯的许多村庄，人们仍然相信一些牧师有阻止风暴的能力。一位新牧师接任时，当地人会热衷于测试他的这项能力，所以一有暴风雨的迹象，人们就会请他驱散乌云。如果成功了，他就赢得了人们的尊敬。弗雷泽补充说，抵抗风暴仪式很普遍。在复活节的前一天，按照惯例，要熄灭教堂里所有的灯，然后用一支新点的火来点燃复活节蜡烛。当地人会带着橡树等树的树枝，放在火中烧焦，然后带回家燃烧，同时祈祷上帝保护房屋免受闪电和冰雹的侵袭。暴风雨来临时，人们将一些树枝插在屋顶，另一些放在田地，防止庄稼被冰雹击倒。弗雷泽写道，仲夏夜也是抵抗风暴的重要时刻。在波希米亚，人们会砍一棵冷杉树，用花环和红丝带装饰，然后在傍晚时点燃。人们把烧焦的花环带回家，在雷暴天气时，他们会一边祈祷一边在壁炉里焚烧花环，以保护自己的家园；在普瓦图，人们点燃篝火，用灰烬来保护自己。圣诞节前后，欧洲许多地方的家庭都有燃烧大而硬的木头的习俗，木头通常是橡木，称为圣诞木。在威斯特伐利亚的一些村庄，人们把圣诞木放进壁炉，然后在其稍微烧焦时将其移走，储存起来，以便此后雷暴发生时放回火堆，因为人们相信闪电不会击中正在燃烧圣诞原木的房子。

德国汉诺威市 2013 年一场风暴中拍摄的闪电

2. 自　然

　　古希腊人可能也曾有过风暴神，但通常认为是他们首先试图寻找关于天气运作的科学解释，而不仅仅是将其归因于神的干预。米利都的泰勒斯（Thales）是第一位古希腊哲学家，他在公元前 7 世纪提出了一个理论，认为天气受行星和恒星运动的影响。据说，这赋予了他非常神奇的预测能力。有一年冬天，他预见到下一年的橄榄收成会很好，所以他提前预订了当地所有的橄榄压榨机。后来，橄榄种植者的确获得大丰收，泰勒斯就出租压榨机，收取租金，因此赚了一大笔钱。几百年后，另一位名叫阿那克萨哥拉（Anaxagoras）的古希腊哲学家试图解释这种看似奇怪的现象：尽管冰雹是冰形成的，但冰雹常在天气炎热时发生。他认为，冰雹是由地球的热量将云层推到大气层高处的冷带时形成的。此外，阿那克萨哥拉还有一个关于闪电的理论，认为闪电是由冷带上方炽热的"以太"区逸出的火花形成的。这些火花在与下方的云层相撞时，会将云层分开，就产生雷声和闪电。后来，约公元前 340 年，伟大的哲学家亚里士多德

（Aristotle）出版了他的《气象学》，这是首次尝试建立一门综合的气象学。他犯过很多错误。例如，他反对阿那克萨哥拉关于冰雹起源于高空的观点，坚持认为"冰雹冻结在接近地球的地方"，但是他对其他特征理解得很好，例如，他写道，多亏了太阳，"最优质、最甜美的水每天都被带走，溶解成蒸汽，上升到寒冷的高空区域，再次凝结后返回地球"。在接下来的几千年里，亚里士多德是公认的气象学之父，其理论没有受到严重挑战，直到 17 世纪气压计、温度计等新科学仪器的出现，首次使科学家们能够对天气现象进行精确测量。

促进我们进一步认识风暴的一位重要人物是天文学家埃德蒙·哈雷（Edmond Halley），著名的哈雷彗星就是以他的名字命名的。1686 年，他绘制了第一张信风气象图，并提出了一个理论：作为风暴的关键因素，风是由于太阳加热的空气上升而其他空气涌入以填补空隙而形成的。这标志着科学认识向前迈出重要一步，但仍有许多问题亟待解决。詹姆斯·伯拉德·埃斯皮（James Pollard Espy）是 19 世纪美国著名气象学家，人称"风暴之王"，他认为空气从四面八方冲向风暴的中心，因为中心是气压最低的区域，然而，康涅狄格州克伦威尔的一位自学成才的气象学家却得出了不同的结论，这位气象学家后来成为美国科学促进协会的第一任主席。威廉·雷德菲尔德（William Redfield）仔细观察了 1821 年新英格兰遭大风吹倒的树木位置，认为风一定是沿环形路线前进的。英国的詹姆斯·卡珀（James Capper）上校也提出了类似的想法，他观察了印度次大陆沿岸热带风暴后，认为这些风暴是"旋风"。

第一次世界大战结束时，挪威物理学家 V. 皮叶克尼斯（Vilhelm Bjerknes）和他的儿子雅各布（Jacob）对风暴的理解取得了新的进展。他们偶然发现了冷暖气团碰撞所起的关键作用。这些气团宽度可达几千千米，并在一个区域停留足够长的时间，以获得其温度和湿度的特征，这些特征非常均匀地分布在气团中。受战争期间大规模军队冲突的影响，皮叶克尼斯将这些气团聚集的地方命名为"前线"。

时至今日，关于风暴究竟是如何产生的仍有许多疑问。尽管世界上最强大的超级计算机已用于预测风暴出现的时间和地点，但预报员经常会弄错。现代理论的风暴基础是需要三种基本成分：能量、水分和不稳定的空气。能量可能来自两个相邻气团之间的温差，也可能来自太阳对地球表面的加热。地表温度越高，提供的能量就越多。水分不仅形成了

冰雹可以达到致命的大小。据说这是 1953 年落在华盛顿特区的一枚冰雹

(Below) A hailstone that fell at Washington, D. C., May 26, 1953. This stone was four inches in diameter and weighed seven ounces. The prongs are believed to have been formed by rotation of the hailstone as it fell.
Courtesy U. S. Weather Bureau.

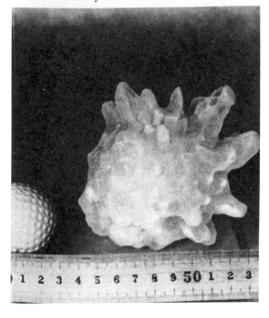

雨、雪、冰雹，还提供了将能量从地球表面通过水蒸气传递到大气高层的途径。水蒸气是太阳的热量使水分蒸发而产生的。这种从液体到气体的状态变化意味着水蒸气以潜热的形式吸收能量。随着蒸气的上升，它又凝结回水，释放潜热作为能量，助长风暴的形成。最后一种成分——不稳定的空气——是在风暴云周围的空气明显比下方的空气冷时产生的。暖空气比冷空气轻，因此风暴云继续上升。温差越大，风暴就越高、越快、越强。

风暴是由全球和局部因素共同造成的。在全球范围内，太阳光线无法均匀地照射到地球的各个部分，相比于对地球两极的照射，对赤道的照射更直接，因此赤道地区更热。事实上，天气可以视为一台机器，不断地试图消除这些温度差异，但这从未成功。风暴是自然界传递热量的一种最有效的方式。正如哈雷所说的那样，赤道附近的暖空气上升并向两极移动，而冷空气则离开两极向赤道靠拢。然而，雷德菲尔德（Redfield）和卡珀（Capper）提出了正确的观点，他们认为风不会直接从高气压地区吹向低气压地区，而是地球的自转改变了风的方向。因为地球自西向东旋转，因此风的路径在北半球向右弯曲，在南半球向左弯曲。

至于皮叶克尼斯发现的巨大气团的碰撞，其效果可以在美国大陆上空观察到，来自加拿大下降的冷空气与来自墨西哥湾上升的暖空气在那里相撞。这就产生了大量的极端天气，每年大约有1万次严重雷暴。因为冷空气比暖空气重，所以冷锋会紧贴地面。遇到暖锋时，冷锋就像楔子一样，推动暖空气上升，直到暖空气冷却，带来大雨。如果暖锋正在前进，则会上升到冷空气上方。然后冷却，其中的水蒸气凝结形成云和雨。冷锋移动速度更快，所以也能赶上暖锋，并将暖锋推向其下方，再次带来大雨。

在英国也是如此，来自北方寒冷干燥的空气与来自南方温暖潮湿的空气相遇时，一些极为恶劣的天气就出现了。极地（北极）的气团是冷的，而热带气团是暖的。海洋气团在水面上形成，因而比较潮湿；大陆气团形成于陆地之上，往往比较干燥。起始于加拿大北部或格陵兰岛的极地海洋气团寒冷干燥，而后在穿越大西洋上空时，从下面吸收了热量和水分。随着温度升高，高度也会上升，使得气团再次变冷，因此气团到达英国时，可能会带来降雨、冰雹、雨夹雪或雪。极地大陆气团来自北极，主要穿越陆地，有时穿过西伯利亚和东欧，有时越过斯堪的纳维亚半岛。在到达北海之前，气团一直非常干燥，在北海气团可以吸收足够的水分，为英格兰和苏格兰东海岸带来暴风雪。2010 年 11 月，诺森伯兰郡下了 40 厘米的雪。

很多局部因素也会产生风暴。例如，铺砌或多岩石的区域比周围的土地升温快得多，柏油马路等黑色路面可比白色路面的温度高出很多。从更大的范围来看，城市通常有小气候，这意味着城市比周围的土地温度高。

如果温差足够大，很快就会产生一股足够强大的上升气流，形成积雨云。庞大的积雨云可高耸入云达 16 千米。积雨云的形状通常像铁砧，顶部被高空的强风吹平，但其黑暗、阴森的底部可能离地面只有几百米。积雨云的出现预示着风暴，通常伴随着大雨、冰雹或闪电。在云层内部，强大的上升气流将水滴带到了很高的位置，以至于水滴开始结冰，形成小冰晶。然后小冰晶开始下降，带着空气，形成向下的气流。在下落时，小冰晶会与其他仍在上升气流中的水滴或冰晶发生碰撞。这种每秒发生数百万次的碰撞会产生电荷。较轻的带正电的冰晶聚集在云的顶部，而较重的带负电的冰晶则引到云的底部。

这就导致云层下方的地面上产生正电荷，聚集在任何立起的物体周围，如山脉、建筑、树木和人等。来自这些地方的电荷与来自云层的电荷相连接时，闪电就会击中这些地方。然后第二次闪电沿着同一通道从地面返回云层。我们看到的就是回击。它的热量使周围空气的温度上升到 27 000 ℃——大约是太阳表面温度的 5 倍。

由于这一切都发生得太快，闪电以每秒约 121 千米的速度传播，快速加热的空气没有时间膨胀，其压力可能达到正常水平的 100 倍。这会导致爆炸，即我们听到的雷声。因为光的传播速度比声音快得多，所以我们在听到雷声前就已经看到闪电。因此，如果雷击在 1.6 千米（约一英里）外，我们会在听到雷声前 5 秒看到闪电。事实上，每五次闪电中只有一次击中地面，其他的闪电都

乳状云，经常在雷暴临近时出现，2010 年
摄于加州斯阔山谷滑雪场

是从一片云击中另一片云。在雷雨云内部，水滴和冰晶最终变得很重，足以抵抗上升气流，并以雨或冰雹的形式落到地面。一旦上升气流被下降气流完全取代，就切断了热量和水分的供应，风暴就开始消失。大多数雷暴持续时间不超过半小时，覆盖范围只有几平方千米，但据估计，地球上某个地方每秒钟遭受雷击的次数超过40次（即每年近13亿次），每年造成多达2.4万人死亡。平均一次闪电的能量可为100瓦的灯泡供电3个月，在严重的雷雨期间，可能会带来2.54厘米（一英寸）的降雨量。闪电不会两次击中同一个地方，而像帝国大厦这样高的建筑在一天内可以被击中40多次。

　　由于雷暴的发生取决于空气的迅速加热，因此雷暴在陆地上比在海洋上更为常见，而炎热潮湿的热带地区

位于印度尼西亚爪哇岛茂物地区的萨拉克山，是世界雷暴发生频率最高的地区

最为常见。在温带地区，雷暴通常发生在下午或晚上，那时太阳已加热地面很长时间了。印度尼西亚爪哇岛的茂物创造了雷暴的世界纪录，在 1916 年到 1919 年间，茂物平均每年有 322 次雷暴。许多热带地区每年有 200 天有雷暴，而在英格兰东南部的一些地方，雷暴天数只有 20 天，而在苏格兰的部分地区，雷暴天数不到 5 天。

1959 年，美国海军陆战队的一名飞行员不得已从飞机上跳伞，正好穿过雷雨云，这使他对雷雨云内的混乱有了独特的见解。威廉·兰金（William Rankin）中校是已知的唯一一个穿越雷雨云而幸免于难的人。他说，里面上下气流的剧烈流动让他像乒乓球一样在急流中颠簸了 45 分钟。闪电包围着他，雷声震耳欲聋，而且雨下得非常大，以至于他担心自己会在半空中淹死。

因此，阿那克萨哥拉提出的暖空气被驱入较冷的高空大气中时就会产生冰雹，这一观点是正确的。暖空气上升到高空大气时，里面的水蒸气凝结成小水滴或冰晶。首先，形成了云。然后，如果条件适宜，会以雨、雪或冰雹的形式降落。经常伴随雷暴出现的冰雹首先形成在核心周围，核心通常是微小的尘埃或盐粒，不过 1975 年在俄克拉荷马州降落的一次冰雹其核心是一只小黄蜂。在积雨云湍流的内部，冰晶可能会下落数百米，然后被其强大的上升气流捕获，带回到温度可能低至 -20 ℃的地方，从而又获得一层冰。这个过程可能会反复很多次，偶尔可见到 20 层以上的冰晶。

当它们变得太重，上升气流无法再支撑时，它们就会以冰雹的形式落下。最小的冰雹直径约 5 毫米，在英国，报道称有些冰雹重达 280 克，但与 1986 年袭击孟加拉国的重达 1 千克的巨型冰雹相比，还是相形见绌。英国人进入印度时，他们对冰雹的大小感到惊讶。据一位名叫 A. 特恩布尔·克里斯蒂（A. Turnbull Christie）的医生记录，1805 年，蒂鲁吉拉伯利（Tiruchirappalli）经历了一场核桃大小的冰雹，而在 1825 年的达尔瓦（Darwar），冰雹就像鸽子蛋一样大。甚至有个与这位医生有关的故事，说是 18 世纪后期，大象大小的冰雹降落在塞林伽巴丹（Seringapatam），尽管他补充说，"我们不应该完全相信这一点，必须考虑到人的夸张"。尽管如此，冰雹还是有补偿的。1823 年海得拉巴（Hyderabad）的一场风暴过后，军队食堂的侍者收集了足够的冰雹来冷却他们的酒。

冰雹一般持续时间不超过 15 分钟，考虑到较大的冰雹以 160 千米 / 小时的速度降落地面，这是不幸的。毫无疑问，冰雹会造成严重破坏，导致电力线瘫痪、破坏树木、杀死动物和人类。1953 年，一位美国生物学家亲眼看见了席卷加拿大亚伯达省的那场灾难："草及其他草本植物已面目全非，树木和灌木丛的所有叶子和小树枝都剥去了，大树一侧的树皮被撕掉或深深地刨开。"数千只鸟死亡，其中包括约 3.6 万只鸭子。据估计，冰雹摧毁了美国高平原高达 6% 的作物总产量，全国农业生产成本

2011 年洪水期间，人们被困在泰国曼谷外的一座桥上，被洪水包围

估计每年增加 13 亿美元，财产损失估计约为 10 亿美元。冰雹还能击落飞机。1977 年，南方航空公司一架从亚拉巴马州亨茨维尔飞往乔治亚州亚特兰大的 dc-9 航班遇到了冰雹。飞机的挡风玻璃撞碎，大量的水和冰进入了发动机，致使发动机停止工作。机组人员试图在一段公路上紧急降落，但一侧机翼夹住了一个加油站，导致飞机起火，机上 63 人死亡，地上 9 人死亡。

雨、雪作为冰雹的"近亲"，也会出现在可怕的风暴中。单日最大降雨量的记录是 1966 年 1 月 7 日至 8 日留尼汪岛上 1 825 毫米的纪录；1970 年 11 月 26 日在瓜德罗普岛，仅一分钟降雨量就达 38 毫米（英国 24 小时内最大降雨量于 2009 年 11 月 19 日出现在湖区的西斯韦特，

达 316 毫米，而在 1893 年 8 月 10 日，普雷斯顿在短短 5
分钟内的降雨量超过 32 毫米）。毁灭性的暴雨可能比任
何其他类型的风暴都更频繁。以 2011 年为例。1 月 12 日，
巴西部分地区在 24 小时内经历了超过一个月的降雨量，
导致圣保罗州发生洪灾，造成至少 24 人死亡；里约热内
卢州发生山体滑坡，导致 900 人丧生。同日，在澳大利
亚，昆士兰州的部分地区正遭受 40 年来最严重的洪水侵
袭，7.9 米的山洪席卷图翁巴镇，造成至少 20 人死亡。1
月 13 日，斯里兰卡政府宣布，大雨造成洪水和山体滑
坡，造成 40 人死亡，30 万人流离失所。接下来是南非，
到 1 月底，暴雨和洪水造成的死亡人数达到了 100 人。3
月和 4 月的暴雨摧毁了泰国南部地区。5 月马来西亚的暴
雨造成山体滑坡，均导致约 20 人死亡。6 月，海地遭受
了严重的人员伤亡。7 月轮到韩国，8 月是乌干达。9 月

印度喀拉拉邦，季风
雨季期间，一辆警车
在暴雨中行驶

份的季风降雨导致印度至少 80 人死亡，巴基斯坦 400 人死亡，66.5 万所房屋受损或摧毁。这样的灾难仍在继续。

当天气足够冷，大气中有足够的水分形成冰晶时，就会下雪。这些晶体碰撞，就形成了雪花。如果足够多的晶体结合在一起，重量就足以让其落到地面。气温低于 2 ℃时，也会下雪。如果气温稍高，雪花落下时会融化，变成雨夹雪。1887 年，蒙大拿州基奥堡的一位牧场主说，他看到过比牛奶锅还大的雪花，而且据他测量，有直径 38 厘米的雪花。如果是真的，这将是有史以来最大的雪花，但是没有人来证实这一说法。然而，1988 年，英国皇家气象学会的一名气象观察员表示，他本人曾在温哥华看到过直径 7.6 厘米的雪花，他还发现了十几份直径 15.2 厘米的可信样本报告。目前已知的最大日降雪量是 1921 年 4 月在科罗拉多州银湖的降雪 193 厘米，最大的年降雪量是 1971 年 2 月 19 日到 1972 年 2 月 18 日在华盛顿州的雷尼尔山的降雪约 28.3 米。然而，最具破坏性的风暴是暴风雪：强风卷着雪花，常常卷起厚厚的积雪。美国国家气象局将暴风雪定义为持续时间 3 小时以上、风速超过每小时 56 千米的风暴，就像 1888 年 1 月 12 日袭击美国西北平原的那种。

当天，天气异常温和，但气温在短短几个小时内下降了近 41 ℃。突然间，该地区陷入了所谓的"校舍暴风雪"，因为此次暴风雪的 235 名遇难者中有很多是在放学回家路上的孩子。在内布拉斯加州的米拉谷，大风掀翻了仅有的一间校舍的屋顶，学生和他们的老师米妮·弗里曼（Minnie Freeman）设法躲避。弗里曼觉得她别无选择，只有设法把孩子们带到安全的地方。根据一些记载，她用一根晾衣绳把学生们绑在身上，然后把他们带到一间农舍。每个孩子都得以幸存，她的英雄事迹也刻成了该州议会大厦的壁画。另一位内布拉斯加州的教师洛伊·罗伊斯（Loie Royce）在下午 3 点校舍燃料耗尽时，决定带她的三个学生回家。这段路程不到 82 米，但他们立刻就在眩目的雪中迷路了，这群人无助地徘徊，三个孩子都因体温过低而死亡。老师幸存下来，但因冻伤失去了双脚。

　　暴风雪会造成金钱和生命的损失。2011 年 2 月的一次暴风雪造成了伊利诺伊州 270 起交通事故。对于纽约

2012 年，沙尘暴席卷亚利桑那州凤凰城

市来说，每清除 2.5 厘米雪估计要花费 100 万美元，但这与其对贸易、商业、公共服务和交通的连带影响相比，就不算什么了。1996 年侵袭纽约市的一场暴风雪被称为"十亿美元的暴风雪"。代价更大的是"十月之雪（Snowtober）"，这是一场始于 2011 年 10 月 29 日的反常的早期暴风雪，在美国东北部的一些地方降雪量达 81 厘米，风速达 112 千米 / 小时。由于电线断裂，约 300 万人断电，共计 22 人死亡，仅康涅狄格州的损失估计就高达 30 亿美元。

然后是冰暴。在暖锋掠过温度低于零度的紧紧贴在地面的空气顶部时，就会发生这种情况。这样，雨滴就

1969 年 2 月，曼哈顿的暴风雪

必须穿过这寒冷的空气，因此在到达表面时就冻结了。根据美国国家气象局的说法，一场冰暴会导致暴露的表面上形成至少 6 毫米的冰。据说，1940 年 1 月在得克萨斯州的一场冰暴产生了 15 厘米厚的冰。冰的重量会造成很多破坏。1998 年 1 月的冰暴被认为是加拿大的一个最严重的自然灾害。在 5 天的时间里，地表堆积了超过 7.5 厘米的冰。从安大略省东部到新斯科舍，冰暴摧毁了树木，毁坏了电线和输电塔，加拿大近 1.6 万名士兵被派往受灾地区，这是有史以来在和平时期规模最大的一次部署。美国缅因州、新罕布什尔州、佛蒙特州和纽约州也宣布发生联邦灾难，超过 300 万人断电，有些断电时间超过一个月。冰暴造成 35 人死亡，仅加拿大的损失估计就超过 30 亿英镑；由于大量枫树遭到破坏，糖浆的产量减少了 30%。

大风不仅会使暴风雪变得更糟，还会卷起沙尘颗粒，形成沙尘暴，从而造成破坏。许多臭名昭著的风都是这样，比如伊拉克和伊朗的夏马风（Shamal）和地中海周围的西洛哥风（Sirocco）。其中最可怕的是西蒙风（Simoom），阿拉伯语的意思是"毒风"，该风吹过阿拉伯和撒哈拉沙漠，可将尘暴带入南欧。风能将灰尘颗粒卷到数千米高，带到数百千米外。灰尘颗粒无孔不入，可以渗透到建筑物、橱柜和机器中。美国国家气象局称，2011 年发生在亚利桑那州凤凰城的风暴是巨大且前所未有的，移动的灰尘墙高达 3 000 米。2013 年，内华达州

20世纪30年代的一场沙尘暴——南达科他州的"黑色暴风雪"

的一场尘暴造成了27辆车的交通事故。

植物通过保持土壤在防止尘暴中起着重要的作用，但是长期干旱、过度放牧和耕作会削弱这种保护作用。最著名的尘暴于20世纪30年代肆虐北美大平原。草场主要用于放牧时，原生的草原会起到保护和约束的作用，但在第一次世界大战期间，人们犁出数百万公顷的土地来种植小麦。经历了一段漫长的干旱期后，"黑色暴风雪"卷走了数百万吨表土，掩埋了庄稼和房屋，将这个地区变成了一个尘暴区。目击者说，灰尘墙像一座座移动的大山，厚得足以遮挡阳光，能见度只有几米，沙尘高度达45米，成千上万的家庭被迫离开家园。这是约翰·斯坦贝克（John Steinbeck）的小说《愤怒的葡萄》描述的一场灾难。土壤有时被带到东海岸。但这绝不是

美国仅有的大型尘暴。1977 年，加利福尼亚州圣华金河谷 2 000 平方千米的土地在 24 小时内流失了 2 500 多万吨土壤。非洲撒哈拉以南的萨赫勒地区曾经是一片草原，供养着繁荣的游牧部落，但干旱、过度放牧和砍树作柴造成了尘暴，留下了一片严酷、荒芜的土地，饥荒肆虐。

沙暴比尘暴更粗糙，以足够的力量推动较大的颗粒刮擦玻璃和汽车上的油漆。沙子离地面的高度通常不超过 15 米，但却能够掩埋甚至压倒建筑物，正如一位气象学家所说的那样，沙暴是"一种永不融化的雪"。1997 年，埃及发生了近年来最严重的一场沙暴，造成十余人死亡。但沙暴不仅发生在沙漠地区。2011 年，在德国距波罗的海几千米的地方，一场沙暴导致 80 多辆汽车在高速公路上连环相撞，造成 8 人死亡。2013 年，苏格兰东部地方政府不得不动用扫雪机清除道路上高达 1.2 米的沙尘，价值约 5 万英镑的农作物被毁。沙尘暴也会对环境造成致

2008 年 5 月 底 袭 击
美国中部平原的近
240 次龙卷风之一

2008 年 5 月 底 袭 击
美国中部平原的近
240 次龙卷风之一

命的影响。此外，风暴还能带走比灰尘和沙子更奇特的
东西，比如英国、法国、瑞典、印度、苏丹、美国和澳
大利亚等国家都报告看到了大量的青蛙、蠕虫和鱼类。

　　风暴将物体卷向高空的属性在龙卷风中达到了致命
的极值，龙卷风会吸走一切没有固定住的东西，固定住

萨赫勒地区，马里的
年轻人扛着稻草

的东西也能卷走一些。风向相反的风围绕着强烈的上升
气流，开始形成狭窄而猛烈的旋涡，在中心形成低压旋
涡时，就形成龙卷风。在美国，纳瓦霍人认为龙卷风是
亡者的魂，而在澳大利亚，土著人称这种现象为畏来风，
并警告孩子们，如果他们表现不好，风里就会出现一个
魂魄。一些风暴系统可以产生许多龙卷风。最多的纪录
是在 1974 年 4 月 3 日，当时 148 阵飓风席卷了美国 11

2013 年，阿富汗巴斯营地的沙尘暴

个州，造成 329 人死亡，造成的损失估计达 7 亿美元。龙卷风最初出现在积雨云底部，呈浅灰色的小漏斗状，如果一直停留在空中，就不会有问题。尽管如此，还是有一些到达了地面。然后，随着龙卷风卷起泥土、树枝及建筑物、汽车或动物等更大的物体，其颜色就变深了。当龙卷风以 64 千米 / 小时的速度移动时，龙卷风就变成了一种巨型圆锯，切断路径上的任何东西。在龙卷风的边缘，风速可以达到 483 千米 / 小时（约 300 英里 / 小时）。据记载，龙卷风的最高速度是 1999 年俄克拉荷马州布里奇克里克的 486 千米 / 小时（约 302 英里 / 小时）。由于建筑物内部的气压较大，龙卷风中心的极低气压区可能会导致建筑物爆炸。值得庆幸的是，大多数龙卷风的宽度都不到 800 米（约 0.5 英里），因此很常见的情况是，街道一侧的房屋都被摧毁了，而另一侧却毫发无损。龙卷风过后，会出现一些奇怪的现象，比如嵌在电线杆上稻草，被树枝刺穿的墙壁，以及穿透金属片的木片。通常，龙卷风的持续时间不超过 15 分钟，然后这一"致命漏斗"。

就会消散或退回到产生它的云层中，尽管在第四章中我们将看到，1925 年的一次龙卷风持续推进了 320 多千米。

研究龙卷风是非常困难的，因为它们的风非常猛烈，其路径上的任何仪器都很容易被打碎。但由于龙卷风可能从头顶飞过而不接触地面，因此一些人得以近距离从下面观察，幸存下来并讲述了这个故事。1928 年，一位名叫威尔·凯勒（Will Keller）的堪萨斯州农民描述了他的一次经历，似乎持续了"很长时间"，但实际上只有几秒钟。龙卷风巨大、蓬乱的一端直接向他袭来，一切都"像死亡一样寂静"，另一端传来"一声嘶嘶的尖叫声"。他抬起头看：

"正对到龙卷风中心。在漏斗的中心有一个圆形
的开口，直径约 15 至 30 米，笔直向上延伸至少 800
米的距离……在大旋涡的下边缘，小龙卷风不断地
形成、分离，在漏斗的末端扭动，看起来就像一条
条尾巴。"

美国每年遭受的龙卷风约 700 次，比其他任何国家
都多。如前所述，其原因是来自北方的冷空气和来自南
方的暖空气碰撞。大平原的一部分，包括得克萨斯州、
俄克拉荷马州、堪萨斯州和内布拉斯加州的部分地区，
被称为"龙卷风走廊"，因为这里是龙卷风最常见的地
方，尽管有一些最猛烈的龙卷风侵袭了其他州。从 1916
年到 1998 年，龙卷风在美国共造成 12 282 人死亡（平
均每年 150 人）。自 1998 年以来，由于政府提供了更为
频繁、准确的预警，只有两次的死亡总人数超过 100 人，

约 1902 年，龙卷风

但 2011 年是有记录以来第二糟糕的一年，造成 553 人遇害。人们由于遭飞溅的碎片击中、在地面上被拖拽或被吸入空中然后摔向地面而丧生。1979 年得克萨斯州威奇托福尔斯有 42 人遇难，其中 16 人正试图开车逃跑，结果被吹离了公路。其中 11 所房屋没有遭受任何破坏。这些凶猛的旋风也存在于世界其他许多地方。在英国，平均每年有 60 场，但幸运的是伤亡人数很少。

海上的龙卷风称为水龙卷。水龙卷通常出现在热带和亚热带地区，在美国，尽管在高纬度地区也可以观察到，但佛罗里达群岛报道的次数最多。1896 年在马萨诸塞州海岸出现了有史以来最大的一次水龙卷。据估计，其高度接近 1 100 米，顶部宽约 255 米，底部宽约 73 米。

1999 年 5 月初，俄克拉荷马州遭受了 74 次龙卷风袭击，这是其中一次，造成 46 人死亡，8 000 所房屋损毁

西班牙马略卡岛卡拉拉特贾达地中海的水龙卷

持续时间 35 分钟以上，经历三次的分散、合并。水龙卷的旋风速度最高可达 305 千米 / 小时，尽管大多数旋风速度要慢得多，水龙卷能以 80 千米 / 小时的速度行进。2013 年，菲律宾利爪桑河发生水龙卷，导致一艘船沉没，至少 10 人溺亡。2011 年，水龙卷席卷康沃尔的波鲁安，7 艘船被海浪吞没，幸运的是没有人员伤亡，而且总的来说，水龙卷造成的死亡人数比龙卷风少得多。

正是在靠近赤道的无风带，柯勒律治（Coleridge）笔下的老水手发现自己的船平静无风，"像一艘画中的船 / 在画中的海洋上一样闲荡"。然而，这些极度平静的地区却孕育了最猛烈的风暴——热带气旋。热带气旋只能在海洋上空形成。水比陆地升温慢，但保温时间长，因此在夏末秋初，海洋温度可以上升到 27 ℃以上，从而为气旋提供所需的能量。这就意味着大西洋飓风通常出现在 6 月初至 11 月末，尽管 5 月和 12 月也会出现一些，但高峰季节是从 8 月中旬至 10 月中旬。在这几个月里，有非洲东风波之称的空气扰动每隔几天就会向西穿越大西洋。这些空气扰动蒸发海洋中的热量和水分，形成雷暴。通常在遇到较冷的海水或上岸时，东风波就会逐渐消失，但有时也会变大，并与同类结合在一起，内部的空气就会上升。随着温度升高，气压下降，风开始加速冲向这个低压区。但是，地球的自转不断地将北半球的风向右吸引，将南半球的风向左吸引，因此永远无法到达中心，于是整个系统开始旋转。赤道以北逆时针旋转，赤道以南顺时针旋转。一旦环绕中心的风速达到 120 千米／小时，该风暴就成为美国和西印度群岛的飓风、印度洋的气旋。

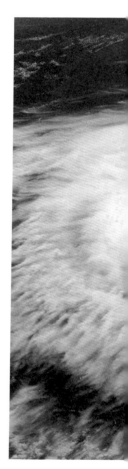

　　从上面看，飓风看起来像一个巨型云做的甜甜圈，因为中心是一个相对安静、清晰的区域，称为风眼。飓风的直径为 16—95 千米，周围有高达 15 千米的云团环绕，从内部看，像一个巨大的体育场。不断盘旋向风眼的风进入眼墙，眼墙将雷暴推向高空平流层，风暴直径超过 2 000 千米。关于为什么有些风暴变成飓风而另一些风暴逐渐消失的原因，仍有许多谜团，但美国国家航空航天局科学家欧文·凯利（Owen Kelley）博士认为眼墙

卡塔里娜飓风于 2004 年 3 月在巴西登陆，这是国际空间站拍摄的照片，中央的飓风眼清晰可见

是气旋的最重要部分，是风暴消逝后仍能保持超级风暴持续的成分，他表示："我认为飓风是马拉松运动员，雷暴是短跑运动员。他们跑得很快，但最后必须停下来。"

热带气旋的风速可以达到 270 千米 / 小时，而整个系统的移动速度为 65 千米 / 小时。美国国家海洋和大气管理局（NOAA）大西洋海洋和气象实验室的高级飓风专家丹尼尔·布朗（Daniel Brown）表示，科学家现在

相当擅长预测飓风的路径："风暴的轨迹更多地受大气
中的大型特征支配——高压或低压区域控制风暴，且容
易建模。"不过，预测其强度就困难一些。例如，1992
年8月，安德鲁（Andrew）飓风在短短一天内从热带风
暴转变为5级飓风，仅在佛罗里达州就摧毁了2.5万余
所房屋，造成了250亿美元的损失。2005年，卡特里
娜（Katrina）飓风也是迅速加剧。有些科学家认为，这
种快速的强度增强可能是由海洋数百米深的暖池引起
的。另一些人则认为，暴风眼的空气有时会略微变得不
那么潮湿，从而从海洋中吸收更多的水分和热量。凯利
（Kelley）博士认为，当空气困在暴风眼底部很长时间，
积累大量的水分和能量时，就会突然进入眼墙，点燃
"热塔"，飓风就会突然加剧。"热塔"是一种非常强大的
上升气流，可以上升到离地表15千米。不过凯利博士警
告说，可能没有单一的解释，而且答案可能在每种情况
下都不尽相同。

　　一个完全形成的气旋每20分钟释放相当于一颗
1 000万吨的核弹爆炸的能量。气旋不仅仅靠风力带来破
坏，其低气压使海平面上升45厘米，使风暴潮登陆时增
加7米以上。2005年，卡特里娜飓风冲入路易斯安那州
海岸，掀起17米高的巨浪，这是该地区有记录以来最大
的一次。随之而来的是暴雨，每小时大约有25毫米的降
雨量。旋风咆哮上岸后，紧接着会现出平静和晴朗的天
空，但这只是暴风眼经过时的暂时喘息，一两个小时内

2008年5月，纳尔吉斯飓风袭击缅甸，6个星期后，博加莱街道上仍有废墟

狂风暴雨又来了。狂风暴雨能席卷整个岛屿（半岛），或沿着海岸线行进，但通常在撞到大陆块时，由于没有了能量来源——温暖的海洋，由于陆地摩擦而使速度变慢，狂风暴雨很快就消失了。尽管在1938年，有旋风成功地穿越240千米到达新英格兰。从2005年到2012年，美国遭受了10次损失超过10亿美元的飓风袭击，总损失近2 700亿美元，其中卡特里娜飓风是迄今为止最具破坏性的，造成1 250亿美元的损失，导致至少1 830人丧生。但在欠发达国家，死亡人数往往更多，因为那里的人们居住环境简陋，基础设施较差，因此居民难以收到警告，救援人员也难以到达。因此，据估计，1970年孟加拉国一场气旋造成100万人丧生，而2008年飓风纳尔吉斯（Nargis）袭击缅甸时，死亡人数高达14万。

　　热带气旋是自然界一个最可怕的现象。2004年9月

16 日，一位名叫米歇尔·贝克（Michelle Beck）的自由撰稿人在佛罗里达州遭遇飓风"伊万（Ivan）"。她写道，"大约在午夜时分，风开始呼啸，听起来像是一个女人在尖叫，每当狂风来袭，房子就会嘎嘎作响"。她坚信房子足够坚固，能够抵御飓风，所以她带着女儿搬到了主浴室，那里是最隐蔽的地方。但仍然很可怕，因为"每阵风吹来，整栋房子都在动"，"听起来屋顶随时都可能掀翻"。伊万过境用了 12 个小时，房子幸免于难，贝克和她的女儿也幸存下来，但是当她向外望去时，场面非常恐怖："电线杆和自动售货机躺在路上，到处都是废墟，屋顶都不见了，树木（包括我家后院的两棵）完全折成两段。不到 2 千米远的地方，房屋被冲离地基，洪水淹没了屋顶。"第二年，卡特里娜飓风的幸存者爱丽丝·杰克逊（Alice Jackson）讲了一个更可怕的故事：午夜时分，风猛烈"捶打"她的房子。杰克逊一直警惕地注视着邻居花园里一棵巨大松树被吹弯的样子。突然，她听到一声"震耳欲聋的爆裂声"，大喊"快跑！"。就在那棵树从屋顶砸下来的几秒钟前，她和家人成功冲进了房子中间的主卧室。墙壁起伏不定，所以他们急忙打开窗户以减轻压力。隔壁的房子"变成了一个活生生的怪物。屋顶上升，房子膨胀，然后屋顶倒塌。最终，房子爆炸了"。第二天他们开车巡视，发现地上到处都是电线，还有"一个大湖，那里曾经有房子、树木和道路"。开了约 5 千米后，他们被高高的残骸挡住了路。

2005 年 8 月，卡特里娜飓风在新奥尔良的爱尔兰河口地区造成破坏

2004 年 9 月，伊万飓风在佛罗里达彭萨科拉造成的破坏，造成美国和加勒比地区 90 多人死亡

　　"卡特里娜""伊万""纳尔吉斯"。为热带风暴命名的做法可以追溯到几百年前。在西印度群岛，人们通常用热带风暴初次出现时的圣日为其命名。后来在19世纪的澳大利亚，一位名叫克莱门特·雷格（Clement Wragge）的气象学家开始使用他不喜欢的政客的名字来命名。20世纪20年代，人们曾尝试一种编号系统，但当一个地区出现不止一次风暴时，这种系统就变得混乱起来。后来，当局试图通过地图索引来识别风暴，但这也很麻烦。在第二次世界大战期间，气象对军事行动至关重要，因此美国气象学家开始用女性的名字命名每次风暴，有时还会选择妻子或女友的名字。在战后的几年中，美国的飓风都有了非官方的名字，其中一个命名为"贝丝"，以纪念杜鲁门总统令人生畏的妻子。而后，1953年，美国国家气象局草拟了一份女性名字的官方名单，按字母顺序排列，以供全年使用。由于潜在的混淆，因此对于字母"g"开头的名字，他们不得不用"吉尔达（Gilda）"代替最初选择的"盖尔（Gail）"。这一制度一直延续到20世纪70年代末，当时妇女团体开始抗议，当局的回应是将男性的名字也列入名单。从那以后，飓风交替使用男性和女性的名字来命名，不过，一旦一个名字用来命名一场毁灭性的风暴，比如卡特里娜或伊万，这个名字就会被替换掉。如今，世界各地都在使用类似的系统。

　　命名风暴是一回事，那么如何测量其强度呢？到18世纪早期，英国水手使用的是一种粗略现成的测量仪，而在一个世纪后，皇家海军上将弗朗西斯·蒲福爵士（Sir Francis Beaufort）发明了一种更正式的测量仪，根据风对一艘装备齐全的军舰的影响来对风进行分级。一共有 13 个等级：从 0 到 12，0 代表平静状态，10 代表强劲（风速至少为 89 千米 / 小时），12 代表"帆布帆无法承受的情况"。1831 年，在达尔文著名的"小猎犬（Beagle）"号航行中，首次正式使用了蒲福风级（Beaufort Scale）。从 1838 年起，英国皇家海军的所有船只都要求使用这一表。美国气象局随后增加了数字 13 到 17，以涵盖穿越大西洋的更强风。后来在 20 世纪下半叶，一位美国建筑工程师，帮助设计了一种评估建筑物潜在破坏性的新方法，他是设计建筑物抵御飓风的专家。赫伯特·西摩·萨菲尔（Herbert Seymour Saffir）与时任美国国家飓风中心的主任罗伯特·辛普森（Robert Simpson）一起设计了萨菲尔–辛普森飓风量表。量表的最高级别 5 级是指风速超过 250 千米 / 小时的风暴，且受灾地区将"数周或数月内无法居住"。（顺便说一句，陆地上有记录的最猛烈的风是 1996 年 4 月 10 日在西澳大利亚巴罗岛的 407 千米 / 小时的阵风。英国已知的最强阵风是 1986 年 3 月 20 日在凯恩戈姆峰顶测得的 278 千米 / 小时。）与此类似，藤田级数是以日裔美国气象学家西奥多·藤田（Theodore Fujita）的名字命名，用来测量龙卷风破坏力的量级。

　　风暴造成的破坏远比其带来的好处要明显，但是降雪可能非常有用。地面积雪的顶部和底部的温差可以高达 28 ℃，可以保护种子和植物免受严寒。此外，风暴通过将热量从赤道重新分配到两极，在保持全球气候温和方面起着至关重要的作用。在热带地区，很大一部分雨水来自风暴，对于一些非热带国家（比如日本）也是如此。美国农业部在 1967 年进行的一项官方调查得出的结论是：随飓风而来的降雨带来的好处远远超过风力或当地可能发生的洪灾所造成的损害。2012 年，许多美国农民感谢艾萨克（Isaac）飓风带来的 130 毫米的降雨，缓解了长期干旱。一位密苏里州的农民说，这正是他们所需要的雨水，他的玉米作物中已经有 80% 被烧毁了。风暴也以另一种方式帮助农民：闪电的巨大能量可以释放空气中的氮原子，氮原子随雨水降落到地面，与土壤中的矿物质结合，产生一种天然肥料——硝酸盐。闪电引发的火灾也可能是有益的，大火清除森林中的矮树丛和杂物，将其转化为养分，使阳光和水能够渗透到森林地面，所有这些都有助于种子发芽。强劲的飓风也能起到类似的作用。2011 年到 2012 年，新泽西州的森林遭受了"飓风艾琳（Irene）""十月之雪""超级风暴桑迪（Sandy）"的三重袭击。成千上万的大树倒下了，但根据一些生态学家的说法，这一过程使动物、鸟类、爬行动物、昆虫、植物和真菌生物多样性激增。1987 年的英国大风暴刮倒了大约 1 500 万棵树，著名的自然作家理查德·梅比（Richard Mabey）表示，这场风暴应视为"环境运转的一个组成部分，而不是某种外来力量"。20 年过去了，国家信托基金会的林业负责人雷·霍斯（Ray Hawes）指出了肯特玩具山发生的事情。其中一片林地在风暴过后被清理并重新种植，而另一片林地则保留为非干预实验区。允许顺其自然发展的实验区更为成功，树木和花卉的种类要丰富得多。霍斯表示，"当时我们以为木头被毁了，但现在我们知道，森林并没有被摧毁，只是改变了"。佛罗里达海湾海岸大学环境研究教授埃德温·艾弗汉姆（Edwin Everham）指出，风暴带来的另一个生态效应是本地物种往往比外来物种更能在风暴中存活。飓风甚至可以拯救岛屿。北卡罗来纳州杜克大学尼古拉斯环境与地球科学学院的地质学名誉教授奥林·皮尔基（Orrin Pilkey）表示，飓风对堰洲岛的存在至关重要。飓风通过向堰洲岛散布沙子，使它们变得"更高、更宽"。如果没有飓风，这些岛屿将变得"越来越小"，甚至可能完全消失。

3. 影　响

风暴可以改变历史进程，主要是通过对军事行动的破坏。公元前480年，波斯薛西斯大帝（Gerxes the Great）决定征服古希腊时，就发生了这样的事件。史称"历史之父"的古希腊历史学家希罗多德（Herodotus）讲述了薛西斯如何从亚洲各地组建了一支前所未见的军队。现代估计表明，军队的规模可达36万人。他们到达了位于亚欧分界线——达达尼尔海峡上的古城阿比多斯（Abydos），希罗多德表示，在那里有一块岩石嶙峋的土地，延伸到海里有一段距离。但仍然留下了一个约1.6千米宽的缺口，因此军队的将领们决定建造两座浮桥。然而，浮桥刚刚竣工，就被一场大风暴撕成碎片，军队就此停止前进。薛西斯得知发生的一切时，勃然大怒，下令向达达尼海峡鞭打300次，同时还带来了一条个人话谕："你这苦水，这是主人对你的惩罚，因为你冤枉了他们，他们没有做任何恶事。不管你愿意与否，薛西斯王必定将你穿越。"负责建造第一批桥的士兵不幸遭斩首，而后军队又重新建造了一座桥，这一次大军成功通过了

薛西斯在赫勒斯滂河。公元前 480 年，波斯皇帝第一次带领他的军队从亚洲到欧洲的尝试失败，因为暴风雨冲走了他们建造的两座浮桥

海峡。薛西斯想要征服的希腊实际上是很多小城邦的集合，他希望从这些城邦的分裂中获利，但也许是由于入侵的延迟，这些独立的城邦找到了合作的方式。他们表现了自我牺牲的英勇壮举，比如著名的 300 名斯巴达人（Spartans）保卫塞莫皮莱狭窄的关口。后来，古希腊军队在萨拉米斯海战中赢得了巨大的胜利，次年，薛西斯大军被迫回国。

　　500 年后，9 年，条顿堡森林战役（the Battle of the Teutoburg Forest）爆发，一些历史学家称之为欧洲历史上一次最重要的战役。这一事件将欧洲分成了两个部分：北部的日耳曼民族和南部的拉丁民族。古罗马开始向莱茵河以东扩展其势力范围，奥古斯都（Augustus）皇帝派遣他的私人朋友——曾平息了犹太叛乱的普布利乌斯·昆克提留斯·瓦鲁斯（Publius Quinctilius

Varus）——去巩固其帝国对日耳曼部落的统治。大约 20 年后，一位名叫维列乌斯·帕特库勒斯（Velleius Paterculus）的古罗马军官这样描述瓦鲁斯，"他性格温和、性情平和，头脑和身体都有些迟钝，更适合军营的悠闲生活，不适合在战争中实际服役"。他补充说，瓦鲁斯"对金钱贪婪"，作为叙利亚总督，"他进入富庶省时是个穷人，离开时就变成了富人穷省"。数百年后，历史学家卡修斯·迪奥（Cassius Dio）写道，瓦鲁斯对日耳曼民族也同样贪婪，"不仅向他们发号施令，好像他们是古罗马人的奴隶，还像对待臣民一样向他们勒索钱财"。一天，他收到报告，说有个部落起义了。事实上，这件事是一个名叫阿米纽斯（Arminius）的日耳曼首领策划的一场阴谋的一部分。帕特库勒斯（Paterculus）形容阿米纽斯"行动勇敢，思维敏捷，拥有超越普通野蛮人的智慧"。他曾服役于古罗马军队，但现在他相信自己能把古罗马人赶出去，他认为，"无所畏惧的人最容易被征服，而灾难的开始通常是安全感"。

有人警告瓦鲁斯说阿米纽斯正在布下陷阱，但他没有理会。9 月，他率领一支由三个军团和辅助部队组成的军队出发，穿过他认为友好的国家去镇压所谓的叛乱。用帕特库勒斯的话来说，"他进入日耳曼尼亚的中心，就好像进入了一个和平保佑的民族"。那里地形艰难，迫使古罗马人分散行军，"群山表面凹凸不平，沟壑纵横，树木高而茂盛"。据迪奥记载，军队缓慢、费力地行进，继续砍树、修路、架桥。与在和平时期一样，他们带着许多马车和驮畜，此外，有不少女人、孩子跟随他们，还有很多随从的仆人。

而后风暴开始了。一阵狂风暴雨袭来，将他们冲散成了几小群，树根和原木周围的地面变得湿滑，行走起来非常危险，树梢不停折断掉落，造成极大的混乱。在莱茵河以东约100千米的条顿堡森林里，他们突然发现自己被日耳曼部落包围了。在一片混乱中，古罗马人遭受了巨大的痛苦，根本无法抵抗。第二天，他们试图构建更紧密的阵型来更好地保护自己，但仍遭受了严重损失。在遭受苦难的第四天，"狂风暴雨侵袭军队，使他们无法前进，甚至无法站稳，更不用说使用兵器了。那时，他们拿不住自己的弓和标枪，更拿不住盾牌，盾牌已经完全湿透了。"

他们的对手轻装上阵，且熟悉森林里的每一条路，继续肆虐袭击。瓦鲁斯和所有高级军官都已负伤，他们担心自己要么被活捉要么被杀死，因此自杀了。消息传开后，一些古罗马士兵扔下武器，任凭日耳曼人屠杀，最后，杀掉了所有人。据说，当奥古斯都听到这个消息时，崩溃大喊："瓦鲁斯！瓦鲁斯！把我的军团还给我！"条顿堡森林的战争导致古罗马在莱茵河以东的所有财产丧失，用2世纪古罗马作家布利乌斯·安纽斯·弗洛鲁斯（Publius Annius Florus）的话说："这场灾难的结果是，罗马帝国没有被达达尼海峡阻止，而在莱茵河畔受到牵制。"

　　到公元 392 年，曾强极一时的罗马帝国分裂为东、西两个部分，开始急剧衰落。瓦伦提尼安二世正式成为西部皇帝，但真正掌握此地区权力的是一位名叫阿波加斯特（Arbogast）的蛮族将军。瓦伦提尼安想让他离开，但将军拒绝了。5 月 15 日，人们发现皇帝被勒死，阿波加斯特坚称这是自杀。接下来，他在摇摇欲坠的王位上安插了他的傀儡——一位名叫尤金纽斯（Eugenius）的修辞学教授。此时，位于君士坦丁堡的东罗马，其皇帝是狄奥多西一世（Theodosius I），他娶了瓦伦提尼安的妹妹为妻。和许多人一样，她不相信她哥哥自杀的说法，而认为是被谋杀的。正如爱德华·吉本（Edward Gibbon）在他的经典著作《罗马帝国衰亡史》中所写，狄奥多西一世被他深爱的妻子的眼泪深深打动，他组建了一支庞

多塞特郡斯瓦纳奇的海边度假胜地。876 年，120 艘海盗船在这里的一场猛烈的风暴中遇难

大的军队，但出于虔诚，他派遣了一个他最信任的宦官去埃及，与一位在山顶简陋的房子生活了 50 年的圣人交谈。这位圣人的门一直关着，但在周末，他会打开一扇窗户，让求助者可以和他交流。因此，宦官问圣人，如果他的主人发动内战会有什么结果。这位能够预见未来的隐士回答说，这将是一场血腥的斗争，但最终狄奥多西斯一世会取得胜利。394 年，东罗马进军。起初，阿波加斯特放任他，狄奥多西占领了罗马的一个省——潘诺尼亚，包括了现代奥地利、匈牙利、斯洛文尼亚和其他国家的部分地区，到达了意大利边境的朱利安阿尔卑斯山脉（Julian Alps）。在军队开始下撤时，他们惊讶地看到敌人可怕的营地，高卢和德国的部队覆盖了冷河（Frigidus River）岸边的乡村，现称维帕瓦。

"急于满足自己的荣耀和复仇心理"，狄奥多西于 9 月 4 日发动了进攻。阿波加斯特的军队筑起了神的雕像，这在第一天似乎非常有效。东罗马皇帝则损失了 1 万名辅助力量，幸好"夜幕降临才能保护他四处乱跑的军队"。那天晚上，阿波加斯特的营地回荡着傲慢而放荡的庆祝声，而狄奥多西则郁郁寡欢地过了几个小时，没有睡眠，没有食物，没有希望，在最绝望的情况下，只剩下坚定的信念，这是独立的人对命运的蔑视。然而，更糟糕的是，在黑暗的掩护下，敌人偷偷占领了山直指他军队后方。天一亮，狄奥多西就被包围了。但也有一点好消息。阿波加斯特的一些部队准备投降，但要有补偿。

狄奥多西很快付了账，因而部下在再次向敌人挺进时也重拾信心。

战斗进行到第二天，狂风暴雨突然袭来。狄奥多西的军队躲避了风暴侵袭，但风暴在敌人面前掀起大片尘土，打乱了他们的队伍，夺走了他们手中的武器，击退了他们不起作用的标枪。不仅如此，在阿波加斯特的队伍中，风暴的威力因高卢人的恐怖迷信而放大，他们毫无羞耻地屈服于上天无形的力量，这种力量似乎站在虔诚的皇帝一边。狄奥多西大获全胜。尤金纽斯被逮捕，尽管他请求宽恕，东罗马皇帝还是下令斩首，而阿波加斯特逃往山里，效仿古罗马人，（他）把剑对准了自己的胸膛。由于这次胜利，狄奥多西成为最后一位统治东、西罗马的皇帝。但几个月后，395 年 1 月，狄奥多西去世，帝国再次分裂为两部分。

在英国发生的所有毁灭性风暴中，只有发生在 876 年的那场是大快人心的。那时，维京（Viking）已经发动了近一个世纪的神奇突袭。因此，在看到《盎格鲁-撒克逊编年史》上所谓的"海盗宿主"在海上遭遇了一场巨大的风暴，在斯沃尼奇附近，120 艘船只失踪时，人们一定松了一口气。不幸的是，对盎格鲁-撒克逊人来说，这场风暴并没有消除维京人的威胁，没过两年，阿尔弗雷德大帝（King Alfred）就面临着失去整个王国的危险。他最终打败了这些可怕的斯堪的纳维亚人，但突袭又持续了两个世纪。在那段时间，风暴受到盎格鲁-撒克逊人的欢迎，尤其是僧侣——维京人最喜欢的目标。的确，苏格兰爱奥那圣岛（Holy Island of Iona）上修道院遭受袭击过于频繁，以至于整个修道院都把锁具、库存和圣物搬到了爱尔兰。一位和尚在他手稿的空白处吐露道：

> "今夜的风凶猛而狂野，
>
> 把大海的长发染成白色；
>
> 在这样的夜晚，我得到了安宁；
>
> 凶猛的维京人只在平静的海上航行。"

　　玫瑰战争期间，1461年3月29日，英国领土上发生了自罗马时代以来规模最大、最血腥的一场战役，风暴再次发挥了关键作用。约克党人国王爱德华四世（Edward IV）刚刚夺取王位，废黜了他的兰卡斯特对手亨利六世（Henry VI），当时亨利六世的军队已经撤回北方。宣布成为国王一周后，爱德华出发追击，在约克郡的陶顿村附近追上了军队。据说每支军队至少由3万人组成，驻扎在比周围地区高出50米的高原上。高原周围大部分坡度平缓，但也有一个极其陡峭的斜坡，向下延伸到一条被称为科克·贝克（Cock Beck）的小河，据都铎时代编年史家马修·霍尔（Matthew Hall）的说法，这条河不是很宽，但是很深。霍尔记载，两军首次相遇时，下起了雨夹雪。虔诚但无能的亨利六世希望因为这一天的神圣而推迟一切敌对行动，但其他人都不太在意。尤其是爱德华，他急切地要继续前进，因为他的背后有一股强风。很快，兰卡斯特人几乎看不见了，因为风暴将雪吹到了他们的脸上。老谋深算的福康伯格勋爵（Lord Fauconberg）指挥着爱德华的先锋部队，让弓箭手们齐射一次，然后撤退几步。被约克人的箭射中后，兰卡斯特军队用一连串的射击回应，但是，迎着风射击，纯粹是在浪费时间。所有的射击都失败了，他们的努力白费了，因为他们的箭没有击中目标。他们也没有看到，在他们的火力减弱时，福康伯格派他的士兵前去拾起他们射丢的箭，并把其中一些射回给他们，造成致命的后果，而另一些则用来搭建临时路障，以抵抗兰卡斯特的任何进攻。

约克大风携来的箭不断地射死士兵，因此兰卡斯特军队别无选择，只能进攻。爱德华四世已下达命令，不予任何让步。一场致命的战斗、血腥的冲突在暴风雪中展开了，一直持续了 10 个小时。兰卡斯特士兵或倒在敌军剑下，或因疲乏倒地后被踩死。约克军的援军到达后，兰卡斯特军终于溃不成军。他们狼狈不堪，如惊弓之鸟，四处逃窜——大部分人逃向塔德卡斯特，但在陡坡底部的路上，科克贝克河已满满地覆盖上了雪。这里现在变成一个血腥的瓶颈。许多逃跑的兰卡斯特人被约克骑兵追击砍杀，也有一些人在贝克河淹没溺亡，尸体填满深河，活着的人踩着尸体过河。这场战斗以血战大败而告终，一整夜持续追击，次日大部分时间也没停。当

时对伤亡人数的最低估计是 2.8 万人，其中兰卡斯特人占
2 万。

英国最血腥的战役可能已经人尽皆知，但陶顿
（Towton）并非家喻户晓。暴风雨在这场战争中所起的作
用是众所周知的。伊丽莎白一世（Elizabeth I）为庆祝胜
利而铸造的一枚勋章上刻着这样一句话，"上帝的呼吸使
他们四处逃窜"。这完全符合上帝与勇敢的英格兰新教徒
一起对抗世界上最强大帝国傲慢的天主教徒的宣传理念。
如果上帝真的干预了，那么他很早就开始了。从一开始，
风暴就扰乱了西班牙国王菲利普二世（King Philip II）的
计划。1588 年 5 月 9 日，由 130 艘船组成的西班牙无敌
舰队从里斯本出发，但随即遭遇大风，被迫停泊了 3 个

1461 年的一场暴风
雪中，英国在约克郡
的陶顿打响了自罗马
时代以来最大的一场
战役。这幅版画作于
1878 年

星期，舰员向海军上将梅迪纳-西多尼亚公爵（Duke of Medina-Sidonia）抱怨说，这天气不像是五月，更像十二月。即使舰队于 5 月 30 日出发后，航行最初的 300 千米也花费了 13 天的时间，这本应该是一年中最佳的航行月份。6 月 19 日，一场可怕的风暴袭来，把船只吹散在了拉科鲁尼亚附近。情况非常糟糕，公爵写信给国王，建议他将此次入侵推迟到第二年，但菲利普无视他的请求。一些船舰被风暴驱使到锡利群岛，在这位海军上将召集舰队，进行必要的修理并准备再次出发时，已经是 7 月 21 日了。

因此，西班牙无敌舰队 7 月 29 日最终到达康沃尔时，敌人已做好了充分准备。无敌舰队的首要任务是到荷兰与 3 万名令人敬畏的西班牙军队会合，这些军队准备征服英国。这些军队登船预计需要 6 天时间，而他们还在登船的时候，英国人在格拉维莱恩取得了决定性的胜利，击沉、搁浅了三艘无敌舰队的舰船，严重损坏了其他许多舰船。不利的风向和拥有更快舰船和更好大炮的英国舰队的威胁，使梅迪纳-西多尼亚公爵无法与运送士兵的舰船相遇并护送他们渡过海峡，因此入侵计划遭到破坏。这位海军上将认为，他现在能为国王效力的最好办法，就是让尽可能多的船只安全返航。

这意味着要在风暴和阵风的冲击下，惊险地驶过苏格兰和爱尔兰海岸。暴风雨把这次失败变成了一场灾难。8 月 17 日，"格兰·格里芬"号被驱赶到了费尔岛，船员们被迫在那里度过极为寒冷和不愉快的冬天。9 月 20 日，三艘船停泊在斯莱戈湾，这时一场猛烈的风暴爆发了。一名船长讲述了他们是如何被赶上岸的，"从未见过这样的事情：在不到一个小时的时间内，三艘船都已成碎片，以致 300 人未能逃脱、有 1 000 多人溺亡"。在爱尔兰海岸，至少有 17 艘舰船遇难。"吉罗那"号帆装军舰载满了 1 300 名船员，这些船员是在自己的船沉没时挤在船上的。后来，一场大风把舵刮得粉碎，把舰船吹到了靠近巨人石道岬（Giant's Causeway）的安特里姆海岸，黑暗中，舰船在漆黑的暗礁上撞裂了，只有 9 人幸存下来。

布面油画《1588 年 8 月 8 日西班牙无敌舰队溃败》，菲利普·詹姆斯·德·劳瑟博格，作于 1796 年。图片显示的是格拉沃利讷海战

从里斯本出发的 130 艘船中，梅迪纳-西多尼亚只带了约 85 艘船安全返回西班牙，而在 5 月份上船的 2.7 万名船员中，1.5 万人再也没能回来。有些失踪船只的命运至今仍不得而知。

到第二次世界大战爆发时，人们对预测天气有了更多的了解，"二战"结束时，英国皇家空军有 6 个中队专门收集气象数据，美国和德国也同样孜孜以求。英国气象局的最高机密雷暴定位装置就藏在伯克郡丘陵的一个干草堆里，该装置能够记录的闪电距离可达 3 200 千米。闪电不仅本身会对飞机造成致命的伤害，而且闪电的存在可能预示着有危险的气流、严重的结冰等潜在的致命危险或者轰炸目标被厚厚的云层遮挡的可能性。收集到的信息挽救了许多飞行员的生命，但即使对英国人来说，大部分信息还是保密的，英国人的天气预报不允许提及大风或大雪之类的情况。雷暴定位装置已连接到邓斯特布尔的中央天气预报站。德国人一直试图寻找该装置，但一直没有找到。正是在中央天气预报站发布了关键的诺曼底登陆日的天气预报后，艾森豪威尔（Eisenhower）将入侵从 6 月 5 日推迟到 6 月 6 日，以利用风暴天气的短暂间歇登陆，因为风暴可能会对入侵造成威胁。

然而，对天气的更多了解并不能确保预报准确无误，太平洋上的盟军舰队分别于 1944 年 12 月在菲律宾海域、1945 年 6 月在冲绳海域遭到台风袭击。让人恼火的是，风暴竟然不是按预期时间发生，这也使得 30 多年后美国

**1943 年 10 月 9 日，
美国突袭德国**

一项至关重要的任务以灾难告终。1980 年 4 月，伊朗人
扣押 53 名美国人质已长达 5 个多月之久，而试图解救他
们的外交努力陷入了死胡同，于是吉米・卡特（Jimmy
Carter）总统决定发动一场极具风险的营救行动。行动
准备用 8 架直升机从德黑兰救起人质，德黑兰城周围是
数百千米的沙漠和山脉，距离所有与美国关系友好的国
家都很远。因此，任务要想成功，就需要非常晴朗的天
气，而这正是指挥官詹姆斯・沃特（James Vaught）中将
在 4 月 23 日应许的。然而，直升机执行任务时却遇上了
沙尘暴，其中 2 架被击落，只剩 6 架，这是完成救援所
需的最低数量。而后一架液压系统部件丢失，驾驶太危
险。沃特将军建议放弃行动，总统同意了。但 6 架直升
机离开时，其中一架撞上了停在地面的一架加油机。飞

机起火，造成 8 名美国人死亡。飞机残骸没能带回，导致绝密文件落入伊朗人手中。卡特总统在电视上接受了对这次行动惨败的指责。直到 1981 年 1 月，这些人质才得以释放，那时卡特总统在选举中惨败给了罗纳德·里根（Ronald Reagan）。

然而，风暴改变历史进程不只可以通过打乱军事行动计划来实现。18 世纪 80 年代，法国遭受了一连串的粮食歉收。1787 年发生洪水。1788 年春天，很多地方发生旱灾。同年 7 月 13 日，一场毁灭性的冰雹席卷了该国北部，这是压垮人们的最后一根稻草。人和动物都受灾死亡，有报道称，树木被连根拔起，田间成熟的许多农作物被毁。在那个年代，谷物和面包确实是生活必需品，穷人把收入的一半都花在这两种商品上。在南特，面包的价格涨到了五苏，比 18 世纪 60 年代初高出 3 倍还多，而在巴黎，面包的价格达到了饥荒时的水平。民众的不满情绪到了这个时候已经变得越来越尖锐，但这并不是唯一的问题。收成受损意味着税收收入的急剧下降，而此时政府已经面临金融崩溃，并于 8 月 16 日宣布破产。这场危机意味着路易十六（Louis XVI）必须召集法国最接近国会的法国议会，使这个国家走上了革命的道路，这是 175 年来的第一次，这场革命使国王失去了王位，掉了脑袋。

风暴改变历史的一个更离奇的例子出现在 17 世纪初，当时风暴帮助创造了如今的度假天堂。1609 年，英

百慕大群岛的鸟瞰
图，这可能是莎士比
亚创作《暴风雨》的
灵感来源

国在北美的第一个永久殖民地——弗吉尼亚的詹姆斯
敦——的人遇到了严重的麻烦。殖民者内部的争吵，殖
民者与土著人的斗争以及在这遍布沼泽、多疾病的环境，
使得他们的人数由最初的 143 人已经下降到 38 人。因
此，弗吉尼亚公司派出了一支由"海上冒险"号率领的
9 艘船组成的船队，载着 150 名想要成为殖民者的男人、
女人和孩子。作家威廉·斯特雷奇（William Strachey）
是"海上冒险"号的一名乘客，他记录了那次航行：7 月
24 日，在他们离开美国海岸 965 千米时，遇到了一场风
暴，将"海上冒险"号与其他船只分开："风暴持续了 24
小时，焦躁不安地猛吹，这是我们能想象到的最大风暴

了。"但实际情况更糟糕，愤怒不断累积，每场风暴敦促着前一风暴，且比前一场更残酷。乘客们面面相觑，"心里很不安……我们的叫喊声淹没在风里，风也淹没在雷声里"。许多人在祈祷，"大海涨过云层，向天空开战。不能说下雨了，水就像整条河流一样在空中泛滥……风和海是疯狂的，是愤怒和狂怒所使然"。斯特雷奇写道，"他以前也经历过暴风雨，然而，我经历的一切风暴总和都无法与这次相比"。船突然裂开了裂缝，大量的水瞬间涌入，每位乘客都担心自己的生命安全。他们不停地往外抽水、舀水，持续了三天四夜。在这段时间里，在我们看来，天空是那么黑，晚上没有一颗星星，白天也没有阳光。到了第四天的早晨，他们已经精疲力竭，正准备赴死，突然听到了一声"土地"。幸运的是，天气变得晴朗起来，可以看到岸边的树木在风中摇曳。鉴于船舶所处的当前状况，水手们所能做的就是尽量靠岸，然后掌控船只，希望所有人都安全着陆。最终获救的人中有海军上将乔治·萨默斯爵士（Sir George Somers）和詹姆斯敦殖民地的新总督托马斯·盖茨爵士（Sir Thomas Gates）。

他们到达了我们现在称为百慕大的岛链。那时，它被称为"魔鬼岛"，据说那里有恶魔出没，事实上，乘客们找到了充足的食物，那里气候宜人，没有危险的动物，也没有人。萨默斯开始探索岛屿，而盖茨则带乘客和船员搭建房屋、组建船只。其他船只的乘客到达了弗吉尼亚，在那里他们过得不那么快乐，许多人在艰难和匮乏的冬天死去。

弗吉尼亚殖民者以为"海上冒险"号的所有人都已经遇难，但在 1610 年 5 月，除了三位乘客留在百慕大，所有人最终都乘坐他们自己建造的船只抵达了詹姆斯敦。弗吉尼亚又派出 60 人加入百慕大的三人组，并在岛上定居。很快，这里的居民的预期寿命就超过了美国殖民地及英格兰。这个故事似乎再次证明了上帝确实站在英格兰一边，这也为莎士比亚的最后一部戏剧《暴风雨》提供了灵感，在这部戏剧中，爱丽儿（Ariel）精灵谈到了"百慕大"。

2013 年 3 月，龙卷风袭击了孟加拉国的婆罗门巴里亚，造成 30 多人死亡，图为一名妇女走过被摧毁的建筑

4. 事 件

历史上最致命的这场风暴可能不是最强烈的。其风速最高时速为 185 千米，在萨菲尔-辛普森飓风等级中属于第三级，而该等级量表最强烈的为五级。然而，就是这场风暴于 1970 年 11 月 12 日侵袭了当时的东巴基斯坦，造成了一场必定发生的灾难：超过 1 亿人挤在孟加拉湾海平面以上不到 3 米的土地上，那里定期会遭飓风侵袭。据说 1737 年有 30 多万人溺亡，1963 年 2 万人溺亡，1965 年 4 万人溺亡。但后来这场称为博拉（Bhola）的飓风是最致命的。

广播中已经发布了风暴警报，但措辞含糊不清。三周前，上一个警报预报的气旋在登陆前就消失了。因此这次警报后，大多数人仍安心入睡，突然在午夜时分，风暴掀起的巨浪冲击着海岸附近的岛屿。据其中一个较大的岛——曼普拉（Manpura）——的一位农民的说法，风暴的第一个信号是"怒吼"。而后，在一片漆黑中，他看到了一道亮光。随着光亮越来越近，他意识到那是一个 6 米高的浪峰。他们家的房子几乎是最坚固的，因此他和家人可以在屋顶上避难。在长达 5 个小时的时间里，他们忍受着狂风暴雨，与此同时，岛上居民的 4 500 间竹屋和茅屋几乎全部被毁，只剩 4 间，曼普拉的 3 万名居民中有 2.5 万人丧生。据报道，另外 13 个小岛上无人生还。在最大的岛屿博拉岛（Bhola），100 万人口中有 20 万溺亡，死亡人数最多的是儿童，因为他们身体弱小，无法抱紧树木。在沙库奇亚（Shakuchia），一名 40 岁的稻农和妻子紧紧抓住一棵棕榈树，他们的 6 个孩子一个接一个地从他们手中被夺走。农夫也被水冲走了。绝望中，他的妻子也松手了，但他设法抓住了她，两人紧紧地又搂住一棵树，直到黎明河水开始消退。那时，尸体到处都是，有的躺在地上，有的挂在树上。在贾巴尔岛（Jabbar Island），一位老人只好将其 52 名亲属的遗体堆进一个集体坟墓。尸体太多了，有的放在木筏上漂向大海，但经常会被冲回来。即使在风暴过去一周后，救援人员也只能踩着尸体前进。一名记者在恒河三角洲看到至少 3 000 具尸体扔在路边。幸存者像疯子一样游荡，呼喊着他们死去亲人的名字。

有一些人死里逃生，让人震惊。风暴过境 3 天后，一只木箱从海里冲上岸。里面有 6 个都还活着的不到 12 岁的孩子，以及他们已经死于暴晒的祖父。祖父先把孩子们放进箱子里，然后自己再爬进去。风暴导致总共 100 万头牛死亡、600 万亩（40 万公顷）稻田淹没，村民们绝望地在泥泞中寻找大米粒。泉水已遭海水和腐烂尸体的污染，人们担心会染上伤寒和霍乱。在几天内，国际救援工作迅速展开，向受灾地区运送物资，然而，这并不能阻止更多的人因疾病、暴露和饥饿而死。1 600 千米外的政府被指责不情愿并拖延做出回应。一般认为，死亡人数在 30 万到 50 万之间，不过有些人认为真实死亡人数超过 100 万，还有数百万人无家可归。气旋来临之前，人们有很多不满，但飓风过后，这种情绪变得愈发强烈，演变成一场全面的独立运动。随后是一场血腥的内战，可能又有 300 万人在内战中丧生，而后新的孟加拉国诞生。

博拉气旋在文化史上也有一席之地：它激发了首个大型国际筹款摇滚演出。1971 年孟加拉国这场音乐会邀请了乔治·哈里森（George Harrison）、林戈·斯塔尔（Ringo Starr）、鲍勃·迪伦（Bob Dylan）、埃里克·克莱普顿（Eric Clapton）和拉维·尚卡尔（Ravi Shankar）等明星参加，哈里森为此还专门创作了一首关于该国困境的歌曲。这是拯救生命（Live Aid）等组织的前身。孟加拉国独立后，开始了一项建造风暴避难所的计划，但对该国的地理状况无能为力。1991 年，又发生了一次飓风，这场五级飓风造成 13.8 万人死亡。

孟加拉国的邻国缅甸在 2008 年遭受纳尔吉斯（Nargis）飓风袭击时，也遭受了类似数量的人员伤亡。5月 2 日晚，风暴袭击了伊洛瓦底江三角洲人口密集的水稻种植区。印度气象部门发布了有关纳尔吉斯将造成巨大破坏的信息，缅甸军政府也发布了一些警告，但没有组织撤离，也没有采取其他措施来减少伤亡。也许他们当时正忙于准备原定于 5 月 10 日举行的新宪法全民公决。这场四级飓风首先向三角洲低洼的村庄掀起了 3.5 米的风暴潮，席卷了整个沿海社区。平马根（Pyin Ma Gone）村一位 52 岁的农民说："风太大了，把我的房子吹得四分五裂，我妻子被风吹到河的对岸，我们再也没见过她。"他的十位亲人都因此丧生。一家医疗援助机构的英国医生西恩·考夫（Sean Keogh）描述了三角洲地区的这场灾难：有些家庭彻底毁灭，没有幸存的人埋葬死者。他们有的悬挂在树上，有的困在柱子上。据说在博葛礼（Bogale）镇，95% 的房子夷为平地，1 万人丧生。在约有 5 万人口的斋拉（kyaikat），大多数房屋遭到破坏，一位商店老板说，他是躲在一间混凝土房子里才得以幸存，而他的一些邻居则跑到修道院。

和在孟加拉国一样，政府的救援工作遭到了严厉的批评。在昆千贡（Kungyangon），当地居民说，直到风暴过后四天，才有一群士兵抵达，分发了丁点的口粮，然后就在路边闲逛。有人抱怨说，物资送达与否完全取决于负责该地区的军官的心情。飓风过后，饥饿感随之而来，因此儿童（尤其是孤儿）处于特别危险的境地。考夫医生表示，援助数量不够多，也不够快。持续暴雨这一自然灾害加上原始的基础设施对救援行动来说已经是一个很大的障碍，但除此之外，偏执的军政府在今年早些时候血腥镇压了抗议活动，不愿意让外国船只和飞机运输、投送物资，也不愿意给救援人员发放签证。军政府甚至不太愿意让自己的人民去帮忙，该国的一位著名喜剧演员也因此而被捕。这种做法的结果是，最大的紧急救援供应商——联合国世界粮食计划署（U.N. World Food Programme），由于其运输物资的直升机在灾难发生一个月以后才获准飞入，表示只能提供所需物资的五分之一。美国国防部长罗伯特·盖茨（Robert Gates）指责该军政府玩忽职守。不过，有一件事是将军们不遗余力的，那就是掩盖那些表明援助来自国外的标签。

军政府还试图阻止外国记者进入灾区，但在纳尔吉斯侵袭两周后，一名记者设法到达了曾是渔村的乌米欧（Uomiou）。他在唯一还屹立着的房子里发现了20名幸存者，但房子的一堵墙也倒塌了。在这些幸存者中，有一位77岁的妇女，她失去了自己的孩子和孙辈，泪流满面地说：幸存的几个人都在饿死的边缘。在塔比瑟（Tabitha）镇，一个小女孩被难民营拒之门外，因为官员告诉她，她不在幸存者名单上。据说，飓风过去一个月后，仍有240万人无家可归。对有些人来说，僧侣是获取帮助的来源，人们背着生病的亲人在泥泞和大雨中跋涉几千米，或者在湍急的河流上划行几个小时到达其所在地。僧侣和村民一样，也会在风暴中丧生，而现在他们在风暴留下的肮脏泥泞中安慰幸存者。一位失去了一切的妇女说，她一直想自杀，后来她听说上游10千米处有一位僧侣开设了诊所。"我这辈子都没见过医院",她说,"于是我去找这位僧侣。因为我不知道政府办公室在哪里"。官方电视画面描绘了一个幻想的世界,在那个世界里,有序地分发充足的物资,而当地民众未经授权拍摄的视频显示,幸存者挤在修道院,肩并肩坐在地板上等待食物和水的发放。

不管军政府在处理强飓风方面有什么不足,它都成功地在预定日期举行了全民公投,不过允许在受灾地区推迟两周投票。新宪法获得了93%的支持率,但在4年内,将军释放了他们主要对手昂山素季(Aung San Suu Kyi),并举行了自由议会选举。有些人认为风暴起了关键作用。欧盟驻仰光办事处的负责人安德里亚斯·李斯特(Andreas List)表示:"纳尔吉斯飓风是一个转折点。在此之后,政府意识到他们需要国际援助。"

1780年10月10日,史上最致命的大西洋飓风在巴巴多斯岛登陆。根据《绅士杂志》和《历史纪事报》当时的报道,前一天傍晚异常平静,但天空却火红得出奇。到了夜晚,下了很多雨。第二天早晨,风力大大增加了。到下午四点,约有25艘船被冲进大海,到晚上六点,被称为大飓风的这场飓风折断、刮倒了很多树。政府大楼采取了一切预防措施,堵住了门窗,但却无济于事。州长约翰·坎宁安(John Cunninghame)少将和家人躲在大楼中央,那里的墙壁厚达一米,异常坚固,但即使在那里他们也感到不安全,风变得非常可怕,几乎要把屋顶掀翻。午夜之前，他们已经撤退到地下室，但暴雨开始淹没地下室，于是他们跑到外面，认为比待在大楼里更安全。军械库现在已经夷为平地。他们尽量躲避，等待拂晓，自以为有了阳光，暴风雨就会结束了，但事实并没有这么幸运。暴风雨仍一如既往的凶猛，最可怕的就是四面八方出现了可怕的毁灭。没有一座建筑物屹立不倒。树木即使没有被连根拔起，也已经被剥光枝叶。曾经繁茂肥沃的岛屿在一夜之间进入了最凄凉的冬天。许多人埋在了废墟下，还有一些人被冲到海里。大多数建筑物被摧毁或严重损坏，一门大炮被风吹至130米外。

暴风雨肆虐之际，皇家海军背风群岛舰队指挥官——海军上将乔治·罗德尼（George Rodney）爵士一直在与美国叛军作战。几周后他抵达巴巴多斯时，他非常惊讶地看到：

"这个岛的可怕情况和飓风的破坏性影响。最坚固的建筑物和所有的房屋中，大部分是用石头建造的，以其坚固而著称，现在都被大风吹塌了，连地基都被掀翻了。"

他补充说："如果我不是目击者，我绝对不会相信。"气象学家估计这是5级飓风，风速超过320千米/小时，岛上的死亡人数估计为4 500人。坎宁安少将写道："这个国家遭受的巨大损失需要很多年才能恢复。"在巴巴多斯之后，飓风继续向圣卢西亚移动，在其港口城市卡斯特，几乎所有房屋都被吹倒，只剩两栋。罗德尼上将的 5 艘船被摧毁，另外 9 艘受损严重。一艘撞向了海军医院，导致船上和大楼里的所有人都丧生。岛上的死亡人数估计为 6 000 人，而在圣文森特，金斯敦的 600 所房屋中有 580 多所被毁。在格林纳达，19 艘荷兰船只遇难，一支由 40 艘舰船组成的独立战争期间派去帮助美国人的法国舰队，在马提尼克岛遭飓风困住，约有 4 000 名水手溺亡。圣皮埃尔镇所有的房屋都倒塌了，约有 9 000 人丧生。风暴潮造成荷兰圣尤斯特休斯岛（St Eustatius）5 000 多人死亡，还侵袭了瓜德罗普岛（Guadeloupe）、圣基茨岛（St Kitts）、波多黎各（Puerto Rico）、多米尼加共和国（Dominican Republic）和百慕大群岛（Bermuda），共造成多达 3 万人死亡。美国主要的反叛者詹姆斯·杜安（James Duane）形容这场飓风是大洪水以来最严重的灾难，并推测其在独立战争中可能对皇家海军造成了致命打击。在 18 个月内，这个殖民大国的确决定放弃挣扎，但飓风造成的破坏是一个促成因素，不是决定性因素。

孟加拉国不仅遭受了有史以来最致命的风暴，它也是最致命的龙卷风的受害者。1989 年 4 月 26 日晚 6 点半左右，著名的萨图里亚–马尼肯吉–萨达尔（Saturia-Manikganj Sadar）龙卷风席卷了首都达卡西北约 65 千米的两个地区。在哈格兹（Hargoz）村，所有的房子都倒塌了。当地人描述说，巨大的树木像风筝一样在空中飞舞，牲畜被卷起来扔到几百米远的地方。一位 45 岁的妇女说："看起来整个村庄都被连根拔起了。"几分钟之内，数百具尸体躺在周围，成千上万的人哭喊求救。据一位当地议会成员说，"人们被卷到很远的地方，一些尸体出现在离村庄一两千米的地方"。另一位议员补充说，哈格兹已经变成了万人坑，而马尼格甘杰（Manikganj）医院的医生表示，他们已经接收了 1 000 多名骨折或失去四肢的病人。在 50 多平方千米的面积内，几乎所有的房屋都被夷为平地。

救援人员受大雨所阻碍，在龙卷风之后的几天里，人们批评救援行动的缓慢和不足。哈格兹的一位商人抱

布面油画《皇家海军舰艇"迪尔城堡"的残骸》，约翰·托马斯·塞雷斯，作于 1780 年。1780 年大西洋最致命的一次飓风——1780 年大飓风的一艘遇难船

怨说，这只不过是沧海一粟。龙卷风袭击近一周后，一名记者报道说，村庄几乎空无一人，幸存者纷纷逃离，到别处寻找住所和食物。玩具和日用品散落在成堆的废墟中，这提醒人们这里曾经是一个繁荣的社区。在墓地旁，一名 65 岁的老人一边哭泣，一边挥舞着一根竹竿以吓跑秃鹫。该地区的许多幸存者都在挨饿，还有一些人在吃了腐烂的食物、饮用了污染的水后生病。在马尼格甘杰的一个偏远地区，绝望的人们包围住一辆救援卡车，发生了踩踏事件，造成 100 多人受伤。此次龙卷风共计造成约 1 300 人死亡，另有 5 万人无家可归。

世界上最致命的五场龙卷风中有四场发生在孟加拉国。唯一一个发生在其他国家、世界上第三大致命的龙卷风——1925 年 3 月 18 日发生的"大三州"（Great Tri-State）龙卷风，横扫美国的密苏里州、伊利诺伊州和印第安纳州，造成了宽达 1.6 千米的破坏。包括伊利诺伊州的墨菲斯伯勒在内的超过 25 个城镇处于危险中，有 234 人死亡。在伊利诺伊州的德索托，仅有的 700 多人中有 100 人死亡，300 人受伤。其中最生动的一个描述来自一位坐在伊利诺伊州一家餐馆里的女士。开始下雨时，她决定回家，但在她打开门时，她看到一堵高墙，看起来像烟，前面是蒸汽一样的白色巨浪。随之而来的还有一阵低沉的吼声，像火车的轰鸣，但要响很多倍。空气里什么都有，木板、树枝、锅、炉子，全都在一起翻腾。房子的整面墙都在滚动。餐厅来回晃动、开始倒下时，她被甩

1925 年 3 月 18 日,伊利诺伊州朗费罗学校的废墟,17 名学生在"大三州"龙卷风中丧生,这是美国历史上最致命的一次龙卷风

回了餐厅。有什么东西把她撞昏过去,当她苏醒过来时,她被埋在了废墟下,但旁边是一头牛的尸体,它似乎减轻了压在我身上的重量。

一位正在搜寻其妹妹的男人发现并解救了这位女士。她的一个朋友因头部受伤而躺在地上死去了。她以最快的速度跑到学校,发现她的孩子们受了伤但都还活着。一大群人试图把他们的家人挖出来,孩子们在哭喊,父母在默默流泪。"大三州"龙卷风持续了三个半小时,创下了历史纪录,以超高的速度席卷了 352 千米的距离,造成 695 人死亡,其中有 600 多人在伊利诺伊州。

1972 年 2 月的第一个星期,可能是历史上最致命的暴风雪袭击了伊朗南部的阿德坎(Ardekan)地区。深达 8 米的雪堆掩埋了卡坎(Kakkan)和库马尔(Kumar)两个村庄。在更北部的土耳其边境的谢克拉布(Sheklab)村,救援人员试图在暴风雨的间歇救助被埋在家中的村民。据说他们挖了两天，只发现了 18 具尸体，没有幸存者。在德黑兰西北 280 千米的科欣（Koheen）山口，5 人困在汽车里 5 天后，由于气温降至 -25 ℃，因此无人幸存。在有些地方，军用直升机将面包和枣子撒在雪地上，希望幸存者能够爬出地面找到。最终的死亡人数估计为 4 000 人。有记录以来第二致命的暴风雪是 2008 年 2 月袭击阿富汗的那场暴风雪，这凸显了伊朗暴风雪无与伦比的严重程度。暴风雪造成 926 人死亡，30 多万牲畜丧生，100 多人因冻伤而截肢，其中大部分是在山区迷路的牧羊人。

1888 年 4 月 30 日，在印度北部的莫拉达巴德，记录在案的最致命的冰雹在短短两分钟内就夺去了 246 人的生命。一些受害者遭冰雹重创致死，但大多数人是由于埋在冰雹下窒息、冰冻而死，据说有些地方积雪可达 60 厘米深。《印度时报》报道称："这些冰雹的形状基本都是扁平的椭圆形，很少有像普通冰雹那样的圆形。"并补充道，在医院花园里捡的一块冰雹重达 700 克，这已经很不可思议了，但在电报局附近捡到的另一块冰雹更出乎意料，重达 900 克。该报向读者保证，数据是由两位绝对诚实的先生测量的。这场冰雹除造成人员伤亡外，还造成了 160 多头牛、绵羊和山羊死亡，大多数房屋的屋顶坍塌，树木连根拔起，政府大楼的 200 扇窗户破碎。伦敦《泰晤士报》称，暴风雨结束后很长一段时间，仍有大量冰冻的冰雹堆积在地上。

尼雅，"丝绸之路上的庞贝"，据说在公元 400 年被一场沙尘暴埋葬

　　但最近，莫拉达巴德作为世界上最致命冰雹发生地的不光彩身份受到了质疑。1942 年，在喜马拉雅山脉海拔 4.8 千米的鲁普昆德湖（Roopkund lake），一名护林员发现了近 600 具人类骨骼。他们都是因头部受重击而死。很快，人们将这个地方称为"骷髅湖"，最初的理论是，这些人是由于山崩而丧生，甚至是集体自杀。由于当地气候寒冷，2004 年，一支探险队发现了一些毛发以及保存完好的衣服。这使他们确信这些骨骼来源于 850 年左右。他们似乎也可以分为两个不同的群体：一个是由关系密切的高个子组成，而另一个则是矮个子，似乎是当地人。探险队得出的结论是，高个子的人雇用当地人做向导和搬运工。他们还有一个更惊人的发现。死者头骨上的裂缝和肩膀上的伤似乎是由像板球一样的圆形物体从上方直接击中而造成的。研究人员得出的结论是，他

们遇到了一场巨大的冰雹，该地区没有可以躲避的场所。

一场可能是世界上最致命的沙尘暴潜伏在更深的历史迷雾中。约公元前524年，波斯的冈比西斯二世（Cambyses II）派遣了一支5万人的军队进攻古埃及沙漠中的锡瓦绿洲，那里有一座寺庙，一些棘手的牧师一直拒绝支持他对埃及的要求。但主人从未到达目的地。根据古希腊历史学家希罗多德（Herodotus）的说法，"从南方刮来了一阵猛烈而致命的风，带来了巨大的旋转沙柱，完全掩盖了军队，导致他们完全消失"。很多人认为这只是一个传说，但在寻找失踪军队遗骸的人中，有曾在缅甸作战的奥德·温盖特（Orde Wingate），以及迈克尔·翁达杰（Michael Ondaatje）小说《英国病人》的原型匈牙利飞行员拉斯洛·阿尔玛西伯爵（László Almásy）。后来在2009年，因发现古埃及"黄金之城"而闻名的两位意大利考古学家——孪生兄弟安吉洛（Angelo）和阿尔弗雷多·卡斯蒂格利奥尼（Alfredo Castiglioni）发现了军队遗骸的东西。在距离锡瓦约100千米、靠近一块他们认为士兵们可能用来躲避沙尘暴的长长的低矮岩石的地方，他们发掘出数百具冈比西斯时代的人骨、陶器、匕首、马骨、箭尖、珠子和珠宝，不过不是每个人都确信它们属于他丢失的军队。

据说在冈比西斯的军队消失900多年后，约公元400年，中国丝绸之路上的城市尼雅也被一场沙尘暴掩埋。有一个传说讲道，有一天，统治这座城市的国王爱上了一个女人，而这个女人早已为另一个国王所爱。两位国王之间的竞争演变成了战争，激起的一场黑色的沙尘暴肆虐了 80 天，将尼雅完全埋葬。20 世纪 90 年代，研究人员开始寻找遗骸，但该地区仍然容易遭受恶劣沙尘暴的侵袭，因此他们只能在风力最小的十月工作。这些年来，他们发掘出房屋、墓地、动物棚、果园、花园和树木，甚至还发现了一口棺材，里面有一具干尸。房子里有保存完好的工具、瓮和坛子。研究人员说，就好像那些生活在那里的人刚刚离开，很快就会回来。

过去有一种迷信的说法，认为教堂的地下室是存放火药最安全的地方。没有什么比这更偏离事实了。因为教堂往往是周围最高的建筑，所以特别容易受到雷电击中。1784 年，慕尼黑的一项调查显示，在 33 年的时间里，教堂塔楼遭雷击 386 次，而在他们统计德国教堂遭袭击的总次数时，发现位于布雷西亚的圣纳扎罗教堂（the

古老的锡瓦绿洲，冈比西斯伤亡的军队没有到达的地方

Church of St Nazaro）储存了近 100 吨威尼斯共和国的火药。1769 年 8 月 18 日，这座教堂塔楼遭闪电击碎，抛向空中，像大雨一样落下，其中一些遗骸后来在与教堂相距甚远的地方找到。这场爆炸摧毁了这座城市的六分之一，其余部分也严重受损，据称造成 3 000 人死亡。1780 年的马拉加、1782 年的苏门答腊岛、1785 年的丹吉尔以及 1807 年的卢森堡都曾发生过类似的爆炸事故。但最致命的一次雷击爆炸可能是 1856 年 11 月 6 日发生在罗德岛圣约翰教堂的爆炸。这座古老的罗得斯骑士大教堂地下室存有大量的火药，爆炸摧毁了该镇的很大一部分，导致死亡人数估计为 4 000 人。《泰晤士报》悲伤地记录道："圣约翰骑士的美丽古堡和大教堂现在成了一片可怕的废墟。"

　　雷电也能击落飞机，最致命的事故发生在 1971 年的平安夜。在空难中，一般没有人能幸存下来讲述该过程，但这一次，机上 92 人中有一名幸存者。来自德国 17 岁的朱莉安娜·科普克（Juliane Koepcke）和她的母亲在利马搭乘了一架由秘鲁兰萨航空公司运营的洛克希德·伊莱克特拉涡轮螺旋桨飞机，飞往亚马孙雨林的普卡尔帕。他们要去和她父亲一起过圣诞节。她的父母都是著名的动物学家，在丛林中运营着一个研究站。飞机飞行约 25 分钟后，冲入了浓厚漆黑的乌云中，并开始摇晃。朱莉安娜说起初她并不害怕。然后突然有一道强光掠过，飞机开始向下俯冲。她和母亲紧紧握着彼此的手，乘客们开始尖叫，圣诞礼物在机舱里飞来飞去。接着，他们看到其中一个引擎上有一道非常亮的光。朱莉安娜的母亲平静地说："结束了，一切都结束了。"这是女儿听到她的最后一句话。然后一切都变得漆黑，朱莉安娜发觉自己在机舱外的空中。"突然之间"，她说，"安静得出奇，飞机不见了"。后来的事故调查发现，飞机的一个油箱遭雷电击中，一旁的机翼也撕裂了。朱莉安娜被安全带绑在一排座位上，垂直下落了3千米。"我在飞行，在空中转圈，我看到脚下的森林在旋转。"

《奇迹仍在发生》（1974），一部讲述朱莉安娜·科普克的故事的电影，科普克是兰萨508航班于1971年12月24日在秘鲁坠毁时的唯一幸存者

她撞穿了浓密的丛林树冠，这让她没有继续摔下去。第二天早上醒来，她的第一个想法是："我在空难中幸存下来了。"朱莉安娜的锁骨骨折，腿上有很深的伤口。她大声叫妈妈，但很快意识到只有她一个人。当救援人员徒劳地寻找失踪的飞机时，她想起了父亲的建议，如果迷路了，就沿着水道走，因此朱莉安娜沿着一条小溪前行。她经过了另一排座位，其中三名女乘客的尸体仍然绑在座位上，头朝下撞在地上。她仅有的食物是一袋糖果。这条小溪最终把她引到了一条河边，十天后，她发现了一间小屋，在那里住了下来。第二天，一群秘鲁伐木工

人发现了她，处理了她的伤口，并把她送到医院。两周后，她母亲的尸体找到了。德国著名导演维尔纳·赫尔佐格（Werner Herzog）后来制作了一部关于朱莉安娜逃亡的纪录片《希望之翼》(Wings of Hope)(2000)。

　　袭击英国的最致命的风暴在 300 多年后仍然被称为"大风暴"。1987 年 10 月的暴风雨也被冠以同样的称号，但所幸它只造成 18 人死亡，而 1703 年，它的前身可夺走了约 8 000 人的生命。11 月 26 日晚上 11 点左右，在康沃尔郡上的圣凯弗恩（St Keverne）牧师是第一个体验到它的人。他说，风刮得非常猛烈，以至于这个国家以为伟大的审判日即将来临。剧院老板、雕刻师兼工程师亨利·温斯坦利（Henry Winstanley）是这场风暴的首批受害者，那时他正在离普利茅斯 23 千米的危险的埃迪斯通群礁上建造灯塔。灯塔有一个石头基座，而上部是用绑有铁带的木头建造。温斯坦利认为这座灯塔坚不可摧，曾表示希望他能在有史以来最大的风暴期间待在里面。

布面油画《首座埃迪斯通灯塔于 1698 年开放》，彼得·蒙奈，作于 1703 年

1703 年 11 月 26 日，他的愿望得以实现。他和两名同事正在灯塔内部进行维修，突然 18 米高的海浪开始冲击灯塔。我们对他的命运所知道的，就是大风暴消退时，他和同伴连同灯塔都不见了踪影。另一个著名的受害者是巴斯和威尔斯的主教。他和他的妻子躺在威尔斯主教宫殿的床上时，烟囱从屋顶掉落，他们双双死亡。

　　整个海岸都遭到了破坏。布莱顿（Brighton）被洪水淹没，肖勒姆的古老市场大厦被夷为平地，整个城镇都摧毁了。其他沿海城镇，如朴次茅斯，看起来像已经被敌人洗劫一空，撕成碎片。据说，一股巨大的海浪冲出塞文河，击中空中的鸟儿，并把它们抛向建筑物。与此同时，布里斯托尔大部分地区被洪水淹没，仓库地窖里的贵重物品都被毁了。一座教堂和其他许多建筑也倒塌了，造成多人死亡。在威尔士，卡迪夫的城墙上有一个大大的缺口，而在斯旺西，大多数房屋的屋顶都掀翻了。远至东部埃塞克斯都有教堂受损，许多尖顶倒塌，包括肯特郡最高的教堂。该郡还有 1 000 多所房屋和谷仓被夷为平地。在牛津附近，一位牧师看到一股龙卷风径直随风前进。龙卷风看起来像大象的鼻子，只是大得多。它伸得很长，一路扫着地面，留下痕迹。在欣克西附近，龙卷风撞倒了一个人，然后撞上了一棵橡树，把树拦腰折断。

　　暴风雨砸碎了剑桥大学国王学院礼拜堂的窗户，刮倒了教堂的尖顶。在北安普顿，教堂顶上的铅板像卷轴一样卷起来；有三座风车也被摧毁。有个地方地板下巨大的立柱像芦苇一样被劈成两半。有一些逃脱出乎意料。在萨默塞特郡的高桥，水位上升使一所房子倒塌，导致一男一女死亡，但他们的孩子在摇篮里漂出了房子，后来发现时还活着。在萨里郡的查尔伍德，一位磨坊主被暴风雨惊醒，冲到他的磨坊去试图挽救。当他到那里时，发现把钥匙落在家里了，不得不回去取。正是他的健忘救了他一命，因为当他第二次来到磨坊时，发现磨坊已经被刮走了。牲畜大量死亡，尤其是在布里斯托海峡和塞文河附近，约有 1.5 万只羊溺亡。据说暴风雨过后，怀特岛的田野上堆满了盐，像雪一样，绵羊避开了南唐斯的草地，最终绝望了。羊群一旦吃下这里的草，就会口渴得想似鱼一样喝水。

1703 年，伦敦约有 50 万人居住，占英格兰总人口的十分之一。这里的教堂也遭到了破坏，顶上铅板卷起来被带出难以置信的距离。律师学院（Inns of Court）和格雷欣学院（Gresham's College）也遭受了损失，各处的窗户都被飞来的碎片砸碎了。事实上，据《邮报》报道，"几乎所有的房子受到灾难的影响"。伦敦人面临一个残酷的两难境地：应该待在一栋可能倒塌的房子里呢，还是冒着被呼啸的"导弹"击中的风险跑出去？巴比肯附近犹太街的一名 90 岁的老妇人选择了出去，而后被碎砖打死。针线街的辛普森先生（Mr Simpson）选择待在家中，而后房子倒塌时被埋在了瓦砾下。据报道，在圣詹姆斯宫（St James's Palace），安妮女王（Queen Anne）惊恐地看着圣詹姆斯公园（St James's Park）的树木倒地、烟囱倾倒、部分屋顶倒塌，为了安全起见，她被带到地下室。

作家丹尼尔·笛福（Daniel Defoe）在呼啸的狂风中奋力前行时，险些被倒塌在街上的一所房子击中。如果笛福当时死去，暴风雨就失去了它最重要的记录者。笛福亲眼看到瓦片被卷到 40 米的高空，然后插入 20 厘米深的地下。暴风雨过后，他在《伦敦公报》(*London Gazette*) 上登广告，征集目击者的陈述，并利用这些材料编写了一本经典的陈述——《风暴》(*The Storm*)，于次年出版。他的总体结论是："除亲身经历极端的风暴，再没有笔能描述它，没有语言能表达它，没有思想能想象它。"

全国各地的树木都遭暴风吹倒：萨默塞特郡的怀特莱克星顿公园 500 棵，新森林地区 4 000 多棵，仅迪恩森林就 3 000 棵；用日记作者约翰·伊夫林的话来说，还有数不清的果树。伊夫林在多金附近沃顿的家里也损失了 2 000 棵树。他满怀哲理地说道："感谢上帝留下的一切。"秉持记者的追问精神，笛福开始统计肯特郡有多少树被风吹倒，但统计到 1.7 万时，他就放弃了。然而，他确实统计出损失树木超过 1 000 棵的公园有 25 个，那么全国损失的树木数量肯定达到数百万了。

陆地上的死亡人数大约为 125 人，但大风暴的受害者大多是在水上。大风暴在泰晤士河上肆虐，将大量的驳船和船艇撞成碎片，因此，第二天早上，泰晤士河上到处都是失事船只的残骸。笛福记录道："风的力量……把它们一一堆起来。"风是如此凶猛，以至于任何锚、锚索、缆绳或锚泊无法将船系住。他估计自己看到了约700艘遇难船只，几乎没有一艘是完好无损的。超过20人在伦敦溺水身亡，其中包括黑衣修士地区的2名船夫，以及富勒姆附近倾覆船上的5个人。

然而，这场大风暴在沿海地区的水域造成的伤亡更大。在暴风雨来临前的几天，天气非常恶劣，因此港口挤满了避风的船只，还有一些船只停泊在布里斯托尔、普利茅斯、法尔茅斯、米尔福德港和雅茅斯等港口以外的锚点。在肯特东海岸和古德温暗沙之间的唐斯，停泊了100多艘船，是许多在西班牙王位继承战争期间进行短暂休息的海军舰艇。一些观察人士表示，他们从未见过海岸的航运如此集中。在陆地上，风速为120千米/小时，但在海上，阵风风速可能达到225千米/小时。3艘双桅帆船在布莱顿沉没，船上的人都遇难了，只有一个人抓住浮桅漂浮了三天。在普利茅斯，3艘商船沉没；在米尔福德港，约30艘船失踪。在格里姆斯比，海港里几乎所有的船只都被风吹进了大海，有20艘再也没有回来。"约翰"号和"玛丽"号也被从雅茅斯吹到240千米外的斯卡伯勒，船主说，"世界上从来没有过这么猛烈的暴风雨。还有一艘商船一直被吹到挪威"。

　　海军损失惨重。"纽卡斯尔"号在朴次茅斯附近搁浅，船上197人死亡。在雅茅斯公路的保护区，所有的190人全部丧生。指挥官几乎无法下达命令。根据笛福的说法，"话一出口，就被风吹走了……他们张开嘴时，呼吸几乎消失了"。这场风暴中损失的最大的船是90炮"先锋"号，它在梅德韦沉没，但幸运的是船上没有人。在唐斯，乔治王子（Prince George）以为已安然度过风暴，突然指挥官看到暴风雨再次向他们逼近。尽管船员们努力，船只还是被缠住了。接下来的一个半小时他们都困在船上，后来风暴消退，船上的386人全部遇难。黎明时分，已经有十几艘船在古德温和其他沙洲靠岸了。几小时后，船只全部被撞得粉碎，大部分船员淹死了，死亡人数高达3 000人。"玛丽"号上的272名乘客中唯一的幸存者是一位名叫托马斯·阿特金斯（Thomas Atkins）的水手，他在洗刷"玛丽"号船时，突然被扔到斯特灵城堡的后甲板。船搁浅后，他被抛进一艘漂泊的小船上。在他到达岸边时，几乎失去了知觉，饱受痛苦，但他还活着，349名船员中只有70人活着。在风暴袭击的前一天，据说在唐斯的舰队看起来像一片茂密的森林，后来，变成了一片沙漠。皇家海军损失了14艘船，海上死亡总人数为8 000人。《观察家报》宣称，在人类的记忆中，从未有过这样的风暴。

5. 文 学

《麦克白》的第一幕，"荒原。雷电，三女巫上"。然后就是那句耳熟能详的"何时姊妹再相逢，雷电轰轰雨蒙蒙？"的确，在整场戏中，雷霆是怪异姐妹的先兆，它们也有召唤风暴的能力。其中一位对拒绝给她栗子的水手的妻子很生气，让她的两个妹妹每人提供一阵风，这样水手的船就会被暴风雨摧毁。然而，暴风雨的可怕力量不仅与剧中的女巫有关。麦克白谋杀苏格兰国王邓肯（Duncan）的那天晚上，暴风雨来了，一个角色说道，"天空中有哭哭啼啼的，类似死亡的怪叫"。烟囱被刮倒，风暴非常猛烈，以至于说话者都无法唤起一个相同的记忆。

暴风雨作为重大事件的回声或警告的概念在莎士比亚的《尤利乌斯·恺撒》（*Julius Caesar*）中也有戏剧性的场景。3 月 15 日的前一天晚上，卡斯卡（Casca）在罗马的大街上挥舞着他的剑，在一场他从未见过的雷暴中：

"我曾见过咆哮的狂风劈碎多节的橡树；

我曾见过野心的海洋奔腾澎湃，

把浪沫喷涌到阴郁的黑云之上；

可是我从来没有经历过

像今晚这样一场

从天上掉下火块来的狂风暴雨。"

卡斯卡认为，天堂里肯定有内乱，或者是人类的行为太过恶劣，以至于神都在惩罚他们。罗马人还看到了其他奇观，包括一只狮子睨视着人，气冲冲地走过去，他们认为这些现象预示着不祥的事情。他遇到了卡西乌斯（Cassius），卡西乌斯非但没有惊慌，反而说这对诚实人来说是一个非常愉快的夜晚。当卡斯卡问他，谁曾见过如此充满威胁的天空时，他回答道，"那些见过如此充

水彩画《麦克白、班柯和三个女巫》，作于 1876 年

1761 年的版画：李尔王（著名演员大卫·加里克饰演）在暴风雨中大发雷霆

满错误的地球的人"。卡西乌斯对允许尤利乌斯·恺撒统治他们的方式感到愤怒，卡斯卡说他听说恺撒第二天将加冕为国王。这时，卡西乌斯透露说，他已经说服了一些思想高尚的罗马人加入他的一项具有光荣和危险后果的事业，而且这些都与他们手头最激烈、最可怕的工作是一致的。

恺撒也被风暴惊醒，他说："今夜天地不得安宁。"他的妻子卡尔珀尼亚试图说服他不要出门，因为尽管"乞丐死去时，天上不会出现彗星/君王的凋殒才会上感天象"。恺撒蔑视她的恐惧，随后卡西乌斯、卡斯卡和其他同谋者在国会大厦入口处将他刺死。

在莎士比亚的另一部伟大悲剧《李尔王》（*King Lear*）中，暴风雨不仅反映了时代的动荡，也反映了主人公内心的动荡。老国王把他的王国分给了他的两个女

儿——贡纳莉（Goneril）和里根（Regan），作为条件，
她们轮流招待他和他的 100 名随从。然而，一旦他真正
将王国交付给她们，他的这两个女儿就明显的开始对待
李尔王缺乏尊重，对他的信使用枷，并要求他撤掉随从。
在他的愤怒中，他冲向风暴，敦促其展现他对生活不公
的愤怒：

> "吹吧，风啊，胀破了你的脸颊，猛烈地吹吧！
> 你，瀑布一样的倾盆大雨，尽管倒泻下来，
> 浸没了我们的塔尖，淹沉了屋顶上的风标吧！
> ……你，震撼一切的霹雳啊，
> 把这生殖繁密的、饱满的地球击平了吧！"

　　为数不多的忠实于李尔王的两个人——肯特和弄
人——试图说服他去一间小屋避难，但国王拒绝了，说
暴风雨让他不去思考更糟糕的东西，"暴风雨让我停下思
考那些让我痛苦的事情"。他这样做，然而，他让弄人进
屋躲避，诉说道：在过去他对那些比他不幸的人关心太
少，他们衣不蔽体，无处容身。

　　莎士比亚还利用风暴来产生和现实生活中一样的突
如其来的命运变化。在《伯里克利》中，海上的风暴不
仅改变了故事的方向，而且改变了两次。不过，这是莎
士比亚的最后一部戏，暴风雨才是最重要的角色。毕竟，
这部作品最终被命名为《暴风雨》，人们认为它的灵感来

自于作者读到的一篇文章，记载了 1609 年在被认为是被施了魔法的在百慕大群岛上进行海上冒险的沉船。该剧在一艘遭遇暴风雨的船的甲板上开场，船上的人都担心自己的生命安全。然后我们得知暴风雨是魔术师普洛斯彼罗（Prospero）召唤出来的，他和他的女儿米兰达（Miranda）居住在一个偏远的岛屿上。米兰达为船员面临的危险而不安，在船搁浅时，她恳求父亲让天气平静下来。普洛斯彼罗揭示了他们的背景故事。他曾是米兰公爵，但他对学问的忠诚为他那背叛者的弟弟安东尼奥打开了道路，安东尼奥在那不勒斯国王的帮助下废黜了他。他和三岁的米兰达被放在海里一艘漏水的旧船上，但多亏"神圣眷顾"，他们找到了一个只有精灵艾瑞尔和野蛮的卡利班居住的岛屿。接着普洛斯彼罗透露说，他之所以发起这场风暴，是因为他发现他的敌人，篡位者安东尼奥和他的同谋那不勒斯国王正从这个岛经过。现在他们被困在他手中。所有奇怪的事情都发生在被困的角色身上。艾瑞尔让他们睡觉或带他们在岛上四处游荡时，都会悄悄地播放音乐。举行为他们准备的宴会时，在他们大吃一顿前，他让宴会神秘地消失，然后召集精灵戴着面具表演。最终，普洛斯彼罗原谅了安东尼奥，国王的儿子爱上了米兰达。在戏剧的结尾，魔术师扔掉了他的魔术杖和书，要求观众停止流放，给他自由。

风暴将角色带入一个陌生新世界的这种作用，就像太空中的虫洞，或者《爱丽丝梦游仙境》中的兔子洞，在文学作品中经常出现。最早将其作为一种创作手法的一部小说是丹尼尔·笛福的《鲁滨孙漂流记》(前面笛福作为编纂英国大风暴的编年史家首次被提及)。这本书出版于 1719 年，讲述了年轻的鲁滨孙·克鲁索如何违抗父母的意愿去航海的。他的船刚开航就遇上了暴风雨。这个年轻人以为自己会死，向上帝发誓道，只要他能活下来，他就会回到家人身边。然而，一旦风暴过去了，他的心情也就变了。克鲁索开始陶醉于大海的美，而他的船友们嘲笑他如此害怕这场可怕的暴风雨。其中一个船友说："你把这叫作暴风雨吗? 欸，这根本没什么!"然而几天后，一场真正的暴风雨降临了，船上所有人都认为这名副其实。暴风雨在诺福克附近将这艘船击沉，船员们只好乘小船逃生。后来，克鲁索毫不气馁，又回到海上。这次他被海盗俘虏，成为其奴隶。几年后他逃了出来，非常幸运地被一个葡萄牙船长带到巴西，在那里，他成了一个成功的种植园主。尽管他自己也有失去自由的不幸经历，但几年后，克鲁索出发前往西非，打算带回一批奴隶。然而，他遇到了风暴，风暴将他带到一个非常奇怪的地方。

　　起初，他的船在天气晴朗，只是太热的情况下紧贴海岸，但当他们开始横渡海洋时，他们遭遇了一场正在肆虐的飓风。

　　　"在那可怕的情形下，整整 12 天里，我们什么也不能做，只能在它面前疾驰而去，让它把我们带到命运和狂风所引导的地方去。在这12天里，不用说，我希望每一天都被吞噬掉。"

他们已经驶离航道很远，船也遭受了损坏，他们决定前往巴巴多斯寻求帮助，但是不久他们又遭受了一场风暴的袭击，这场风暴将船搁浅在沙丘上，"凶猛的海浪淹没了我们的船，我们以为所有人都随时可能丧生。"由于担心船随时会破裂，他们爬上一艘小船，向狂野的大海祈祷。然而，海水涨得如此之高，他们的处境似乎并

布面油画《暴风雨中的米兰达》，约翰·威廉·沃特豪斯，作于1916年。米兰达正在察看她父亲设想的那艘因暴风雨而失事的船

不比在船上好多少，在他们行驶大约 8 000 米后，"汹涌的波浪，像山一样，从我们后面滚滚而来……它带着这样的愤怒，立刻掀翻了我们的船，把我们和船分开，也把我们彼此之间分开"，所以他们在一瞬间被吞没了。克鲁索是一个游泳健将，但他表示："我无法从海浪中解脱出来，无法呼吸。"一个极强的海浪把他冲上岸，他已经被水冲得半死。他试图跑上海滩，以免再次被海浪卷走，然而海浪向他袭来，像一座大山一样高大，像敌人一样愤怒，把他拖下水大约 9 米。他绝望地屏住呼吸，但就在他憋不住气的时候，海水再次把他带上岸。这种情况还发生了好几次，有一次海浪把他撞到一块岩石上，撞昏了过去，但最终他还是爬上了海滩，避开了海浪。很快他意识到他所有的同伴都淹死了。克鲁索在奥里诺科河河口一个无人居住的岛上遭遇海难，他困在那里 28

石版画《鲁滨孙和他的仆人星期五》(1874)

年，他的冒险经历构成了英国文学中最著名的一个故事，比如他建造了一个住所，找到了食物，保存了日历，躲避了食人族，营救他的忠实的仆人星期五等。

在理查德·休斯（Richard Hughes）1929 年的一部小说中，陆地上的飓风给一群孩子的生活带来了克鲁索式的转变。奴隶制结束后的某个特定时间，巴斯桑顿人在岛上发展起来。和许多繁荣的豪宅一样，他们的房子现在严重失修。石砌的底层让给了山羊，而木制的上层则漏得像筛子一样。但对孩子们来说，牙买加似乎是"天堂"，三个女孩都像她们的兄弟一样留着短发，还爬树和捕捉动物。一个星期天晚上，雷暴开始时，一位叫山姆（Sam）的跛脚黑人老人发现地上有桑顿先生最好的一条手帕。他不想擅自带走，所以他用泥土覆盖，计划第二天捡起来。但是，诱惑实在太大了，他还是拿走了手帕。正如休斯告诉我们的那样，风暴变得越来越强烈：

> "在热带地区，雷暴不是像在英格兰那样出现在遥远的天空，而是在你身边：闪电在水上嬉戏，从一棵树跳到另一棵树，在地面上弹跳，而雷声似乎是从你内心的剧烈爆炸中发出的。"

父亲回到家时，孩子们出去迎接他，看到父亲的马镫铁上闪着闪电。几秒钟后，他们就湿透了。

在他们吃晚饭的整个过程中，闪电几乎没有闪烁。

他们正吃饭时，山姆走进了屋子。他担心是自己的偷窃行为引起了暴风雨，于是扔下手帕。但是，如果雷声和闪电是万能上帝的报应，他并没有得到安抚，因为不久后，山姆的小屋就着火了。这位黑人老人开始向天空扔石头，抗议说他已经把有问题的东西归还了，这时一道炫目的闪光当场把他劈死了。风变成飓风时，桑顿夫人开始背诵沃尔特·司各特爵士（Sir Walter Scott）的赞美诗。她的朗诵一定非常精彩，因为即使当百叶窗爆裂，大雨像海浪冲进下沉的船倾泻到房间里时，孩子们仍全神贯注地听着。风把墙上的画吹了下来，桌子上面什么都不剩。外面，灌木丛被吹平了，就像兔子放下竖起的耳朵一样躺在地面上，而黑人的小屋完全消失了。桑顿先生非常愤怒，因为在飓风中，孩子们的耳朵只听到《湖上夫人》，桑顿先生大喊道，在半小时内他们都可能会死，然而只有在屋顶吹掉两段后，这家人才同意通过他砸在地板上的一个洞搬到地下室。这里挤满了在躲避的黑人和山羊。桑顿先生给大家分发马德拉酒，孩子们都睡着了。

　　天快亮的时候雨就停了，破坏也显现出来。房子的木制部分几乎消失了，家具都被砸成了碎片，周围的乡村也完全认不出来了。方圆数千米内的植被都变成了纸浆，土地被瞬时河流翻耕。桑顿和妻子茫然环顾四周："这一切都是由气流造成的，这让人不可思议。"他们认为这场暴风雨是来自上天的警告，于是就把孩子们送到

1988 年 9 月，一架飞机在金斯敦机场被吉尔伯特飓风掀翻

英国去了。孩子们有些惊讶，因为他们除了因失去心爱的猫而感到难过外，他们对这场飓风没什么印象。事实上，他们后面的经历会更加离奇，因为在去英国的航行中，他们被海盗俘虏了。在那之后，他们经历了一系列梦幻般的冒险，最大的男孩在一次圣诞剧中从窗户掉下身亡，而最大的女孩杀死了一个男人。

卡罗尔·伯奇（Carol Birch）2011 年出版的小说

《亚姆拉奇的动物园》(*Jamrach's Menagerie*)中，年轻的主人公被一种更为罕见的天文现象——水龙卷带入了一个陌生的新世界。杰菲·布朗(Jaffy Brown)还是个孩子的时候，走到一只老虎跟前，抚摸它的鼻子，与死神擦肩而过。在他15岁时，他加入了一个危险的探险队远征印尼捕龙。野兽被成功捕获，但登船后，一些船员认为这条龙会带来厄运。一天晚上，龙从笼子里逃了出来，跳进了海里。不久后，他们遇到了一个奇怪的景象，有个地方一片黑暗，从那里，一条白色的长蛇优雅地摇摆着，伸向海面。船长疯狂地让水手们努力避开水龙卷时，杰菲只是想看这个可爱的旋转着、梦幻般的东西以惊人的速度在水面上舞动。自从他离开家以来，他看到了许多美妙的景色，"但都比不上这一幕……看起来好像是一片云，这片云似乎正通过旋转的发光雾柱吸住大海"。他指出，这个物体似乎在约1.6千米外停下来，好像在看他们。水龙卷像古老故事中的豆茎一样爬过天空，而在它的脚下出现了巨大的骚动。

而后又出现了一个水龙卷。一个美丽的牡蛎珍珠柱，里面升起了一片苍白的云彩，接着又出现第三个，顶部越来越宽，像喇叭的漏斗形，逐渐变细，一直延伸到水里。三人组跳起了宫廷舞，三个苗条的女孩相互交织，前进、后退、鞠躬、弯腰、合体、分开、旋转，每一个动作都灵巧而优雅，就像女神和仙女，但比赫拉克勒斯(Hercules)更有力量。片刻之后，他们展示了自己力量，

水龙卷像古老故事中
的豆茎一样划过天空

最苗条的少女奔向船，以超乎想象的速度，伴随着咆哮
的洪水，掀起了一阵波浪，猛烈地摇晃着他们的船。接
着是她的一个姐妹，随着山崩的声音，她带着船绕圈旋
转。但第三个水龙卷给他们致命一击。这一个像是一个
丰饶的号角，从它身上，密集的云层像泡沫一样迸发出
来。茎部像灰色的树干，粗壮有力，电光闪烁。这个水
龙卷也许很漂亮，但对杰菲来说，水龙卷已经变成了追
逐他们的活怪物。船像飞行的蝙蝠一样乱转，水龙卷模
仿着我们，好像在玩我说你做的游戏，随着我们的转向
而转向，随着我们的改变而改变。此情此景，你一定会

觉得那东西是有脑子的。在约 1.6 千米的距离内，他们都试图躲避水龙卷，他们绝望地逃离，水龙卷击中了他们，世界在转，他也跟着转，到处乱撞，喘不过气，还被甲板上的木板击中了。啪的一声，主桅断了，像大树一样倒了下来，又像小树枝一样被风刮走了。杰菲及另外十几位船员在船上待了几个星期，饥饿难耐，渴得要死，最后主人公不得不将他最好的朋友杀死、吃掉，才得以成为仅有的两名幸存者之一。

然而，文学风暴可以改变人物的生活，而无须把他们带到异国他乡。《酒徒》是 19 世纪法国作家居伊·德·莫泊桑（Guy de Maupassant）的一部典型的讽刺短篇小说。小说以北风"刮起一场飓风"开头，表现出暴风雨通常的恶作剧行为。吹着口哨、发出呻吟、撕扯屋顶上的木瓦、砸碎百叶窗、推倒烟囱、在狭窄的街道上疾风骤雨，人们只能贴紧墙壁前行。在诺曼底的一个小渔港，一位名叫马蒂兰（Mathurin）的男人说服他的朋友杰里米（Jeremie）和他一起躲在一家酒馆里，不停地给他喝酒。他们最终离开时，马蒂兰很快消失在夜色中，而杰里米却每时每刻遭到风暴和自己的醉酒所阻挠，几乎无法挣扎着回家。当他终于跌跌撞撞地进入房门时，他觉得自己看到一个人影从他身边冲进了外面的黑暗中。他确信他的妻子和马蒂兰有染，趁醉酒暴怒中把妻子打死。

伟大的俄罗斯作家亚历山大·普希金（Alexander

Pushkin）1831 年的短篇小说《暴风雪》中，暴风雪上演
了一出更加复杂的把戏。一对恋人违背父母的意愿，决
定私奔并在一个乡村教堂结婚，但可怕的暴风雪爆发了，
所以当男人出发时，他什么也看不见。道路和所有建筑
都消失了，他的马因雪堆及雪下隐藏的坑洼而一直跌跌
撞撞。他完全迷了路，迟到了几个小时才到达教堂，发
现教堂空无一人。早些时候，一名轻骑兵试图重新跟上
军团，却在同一场暴风雪中迷失了方向。最后他看到了
一点光亮，发现自己在一个小木头教堂外面。昏暗的室
内，一位牧师和其他一些人在他的到来后松了一口气，
但一直在责备他的迟到。由于一种不可理解、不可原谅
的轻佻行为的驱使，他同意和在圣坛前等待的激动的年
轻女士结婚。在牧师宣布他们结为夫妻时，那位女士意
识到刚刚成为她丈夫的这个人不是她的爱人，因此昏倒
在地，不省人事。轻骑兵溜之大吉，不知道他的新婚妻
子是谁，甚至不知道他们在哪个村结的婚。4 年后，轻骑
兵和那个女人再次相遇，并坠入爱河。

　　毫不奇怪，暴风雨在浪漫主义时代的文学作品中占
有突出地位，经常在人物生活中的戏剧性时刻出现。艾
米莉·勃朗特（Emily Brontë）于 1847 年出版的《呼啸
山庄》（*Wuthering Heights*）中，"暴风雨来势汹汹，席卷整
个山庄"，凯西（Cathy）为希思克利夫（Heathcliff）的
消失深感痛苦。她姐姐夏洛特（Charlotte）同样于 1847
年出版的《简·爱》（*Janet Eyre*）中，当罗切斯特先生

路易斯安那州柏树沼
泽上空的风暴云

（Mr Rochester）终于宣布他对女主角的爱时，暴风雨呼
应了人的激情澎湃。狂风呼啸，一棵树扭动、呻吟，雨
倾泻下来，"一个铅色的、生动的火花跃出云层……不
时有咔嚓、哗啦的声响，近处传来隆隆的巨响。第二天
早上，简得知果园底部那棵巨大的七叶树被闪电劈成了
两半"。

　　浪漫主义诗人塞缪尔·泰勒·柯勒律治（Samuel
Taylor Coleridge）并没有附和自己的情绪，而是呼吁一场
风暴来改变它。在他 1802 年的《悲情颂》中，他被不幸
的婚姻和对另一个女人的爱折磨，他躺在窒息的、昏睡
的、平静的悲伤中，希望风会惊醒这隐痛，让它动起来，
活下去！在诗的结尾，他如愿以偿，随着暴风雨的爆发，
发出了溃败的军队，被践踏的人呻吟着，带着刺痛的伤
口的声音，然后提醒自己：

"……一个小孩

在孤独的荒野上，

虽离家不远，但她迷路了：

现在在痛苦和恐惧中低声呻吟，

现在她又大声尖叫，希望让她妈妈听到。"

　　许多英国诗人笔下的风暴都让人回味，比如约翰·克莱尔（John Clare）、威尔弗雷德·欧文（Wilfred Owen）、齐格弗里德·沙松（Siegfried Sassoon）和詹姆斯·汤姆森（James Thomson）等。不过，考虑到大西洋彼岸遭遇的极端天气更为频繁，美国人往往能写出最生动的诗行，这或许并不奇怪。艾米莉·狄金森（Emily Dickinson，1830—1886）在《雷暴》（*A Thunderstorm*）中描述了闪电"露出了黄色的喙和铁青色的爪子"。在《暴风雪》中，拉尔夫·瓦尔多·爱默生（Ralph Waldo Emerson，1803—1882）讲述了被困在"暴风雪的喧嚣中"的人。而在《飓风》中，牙买加出生的诗人詹姆斯·贝里（James Berry）捕捉到了飓风的恐怖，"快速的脚步，所有号角在吹响，猛击、怒吼、无休止"，掀翻屋顶，折倒最粗壮的树木，毁坏田野。但诗人也被它产生的奇怪现象所震惊：屋顶的波纹板像风筝一样飞来飞去，道路上满是死去的鱼。贝里着眼于人们对飓风造成的巨大影响无能为力，而对19世纪的美国诗人威廉·卡伦·布莱恩特（William Cullen Bryant）来说，热带风暴是一种力量和荣耀的表现，在 1854 年的《飓风》中，他全身颤抖，等待着飓风。他描述了飓风如何穿越无垠的天穹……沉默而缓慢，但非常强烈。它的强大的影子提醒着我们黑暗的永恒将至。

特定的历史风暴也出现在文学作品中。英国诗人杰拉德·曼利·霍普金斯（Gerard Manley Hopkins）的小说"快乐地缅怀"五位修女，他们 1875 年在哈里奇因船在一场暴风雪中搁浅时丧生。1987 年的"大风暴"在 1990 年布克奖得主 A.S. 拜厄特的《占有》的高潮中扮演了至关重要的角色。故事开始于伦敦的一个图书馆，一名相当不成功的英国文学学者罗兰·米切尔（Roland Mitchell）发现了一封由 19 世纪虚构诗人伦道夫·亨利·阿什（Randolph Henry Ash）写的信，这封信让他觉得阿什可能与另一个虚构诗人克里斯塔贝尔·拉莫特（Christabel LaMotte）有着不为人知的关系。研究拉莫特的专家是她的一个远亲——莫德·贝利（Maud Bailey）博士。米切尔和贝利痴迷于发现真相，尽管他们之间的关系尚未完善，但他们之间却保持着密切的关系。然而，他们面临着来自不择手段的美国人莫蒂默·克罗珀（Mortimer Cropper）的激烈学术竞争，他想垄断所有有关阿什的研究。

克罗珀认为阿什与克里斯塔贝尔有染的证据可能藏在与诗人埋在一起的一箱文件中，并设法说服阿什的后代希尔德布兰德·阿什（Hildebrand Ash）把它挖出来。

1987年10月16日凌晨1点,两人前往苏塞克斯郡的乡村墓地,那里是诗人最后的安息之地。天空下着小雨,但空气寂静得很。

当他们开始挖掘时,风开始刮起来。树木吱吱嘎嘎作响。克罗珀不知所措,停止了挖掘,就在那一刻,大风暴袭击了苏塞克斯。希尔德布兰德被一堵空气墙吹得喘不过气来,而克罗珀很快又开始挖掘了。这时,随着树木开始绝望地做手势,出现了一片呻吟的合唱。一块瓦片从教堂屋顶上飞了下来,而风变得像来自另一个维度的生物,被困住并尖叫。

希尔德布兰德很害怕,说他们必须找个地方躲起来,然而,随着树越来越不祥地摇摆,克罗珀找到了盒子。那时,风吹起的瓷砖已经对生命和四肢构成了威胁,它们在空中呼啸而过,撞到墓碑上。克罗珀试图把他的宝贝放进他奔驰车的后备厢时,一大片灰色的东西像一座翻滚的小山一样在他眼前降临。他的车被倒下的树砸坏了。然后他听到了声音,还有一声喊叫:"你被包围了!"米切尔、贝利和他们的朋友们得到了这个盒子,他们理所当然地认为这个盒子应该属于贝利。据了解,贝利并不是拉莫特的远亲,而是她与伦道夫·亨利·阿什的私生女的直系后代。这群人设法穿过倒下的树木,来到当地一家旅店,那里挤满了其他躲避暴风雨的难民。在那里,他们打开了盒子,发现了两个诗人交换的情书,当晚米切尔和贝利终于成了情侣。风暴后的早晨,拜厄特写道，"整个世界都有一种奇怪的新气味。那是余波的气味……那是死亡和毁灭的气息，闻起来清新、活泼、充满希望"。

尽管文学风暴可能会很猛烈，但有时会出现一个人物，他愚蠢到相信自己比风暴强大，就像亨利·沃兹沃斯·朗费罗（Henry Wadsworth Longfellow）的著名诗歌《"长庚星"的残骸》（*The Wreck of the Hesperus*，1841）中的船长。船上的一名船员警告船长说飓风即将来临，并恳求他进港，但船长发出了轻蔑的笑声。然后风袭击了这艘船，船颤抖着停了下来，像一匹受惊的骏马。不幸的是，船长选择带他的女儿一起航行，但他告诉她不要害怕，因为他能经受住最猛烈的大风。然后他用一件暖和的外套把她裹起来，绑在桅杆上。当暴风雨肆虐的时候，她向她的父亲哭喊了三次。他回答了两次，第三次却是沉默。雨夹雪已经把他冻成了一具尸体。女孩祈祷她能像海茨伯勒斯一样得救，但最终，残酷的岩石像愤怒的公牛的角一样抵住船，她沉入冰中，就像进入玻璃器皿一样。第二天，一位渔夫发现这个可怜的女孩已经死了，仍然被绑在一根浮动桅杆上。朗费罗的诗被认为是受到1839年美国东海岸一场大暴风雪的启发。

在约瑟夫·康拉德（Joseph Conrad）1903年的经典之作《台风》（*Typhoon*）中，船长汤姆·麦克沃（Tom MacWhirr）拒绝因风暴而改道。他可以从气压计上看到，一定有异常恶劣的天气，但当他的大副朱克斯（Jukes）

敦促他改变航向以避开它时，他拒绝了，原因是从来都不缺坏天气，"正确的做法是战胜它"。康拉德自己也当过水手，经历过海难，他写道，在他所有的航海生涯中，麦克沃"从未经历过无法抵挡的力量和无可估量的愤怒……狂暴的大海的愤怒"。麦克沃知道它的存在，但只是从理论上讲，"他听说过，就像一个和平小镇的市民听说过战争、饥荒和洪水一样"。船长"在海洋的表面上航行，就像一些人在岁月的流逝中慢慢沉入一个平静的坟墓，直到最后对生活一无所知……在海上和陆地上有这样幸运的人，或者说这样被命运或被大海鄙视的人"。

　　麦克沃似乎是个很迟钝的老家伙。他的儿子和女儿

布面油画《黑海风暴中的"玛丽安"号汽船》，托马斯·安德，作于 1837 年

几乎不认识他，因为他长期离家，而他的妻子因害怕丈夫放弃航海和他们一起生活而极度恐惧。但一旦船长指挥一艘载着 200 名苦力返回"南山"号轮船，大海就不再蔑视他了。到此，根据读者对麦克沃尔的了解，肯定可以得出这样的结论：即将到来的台风很可能会给他带来糟糕的结局，当暴风雨来袭时，船长正在睡觉，这种怀疑就更加强烈了。他一觉醒来，发现自己的鞋子从船舱的一头窜到另一头，像小狗一样互相嬉戏。当他走到甲板上时，他立刻发现自己卷入了一场个人混战中。环顾四周，他所能看到的是一片巨大的黑暗笼罩着众多白色闪光，而风已经吸收了雪崩积累的动力。船开始颠簸得更厉害了，好像吓疯了似的。

当麦克沃尔盯着风的眼睛，就像盯着敌人的眼睛，以穿透隐藏的意图，并猜测攻击的目标和力量时，风暴变得更猛烈，就像突然打碎了愤怒的小瓶。伴随着强烈的震荡和汹涌的巨浪，它似乎在船的四周爆炸，仿佛一

"加斯奈德"号与海作战时，水手们在高高的索具上，作于 1920 年

座巨大的水坝被炸开了。康拉德写道，与地震、山体滑坡、雪崩等其他自然灾害不同，风暴就像单个敌人。

现在似乎整片海都爬上了桥，大副朱克斯开始绝望了。台风变得如此猛烈，似乎不允许任何船只的存在。"南山"号的蹒跚而行时有一种可怕的无助感：它的颠簸就像一头栽进了虚空，每次都像是找到了一堵墙要撞，而风是如此的猛烈，似乎把船从水里掀了出来。海水把朱克斯和船长举了起来，然后"砰"的一声把他们扔了下去，他们紧紧地抱在一起。设备被从甲板上扯下，就好像这艘船被毫无意义的、毁灭性的风暴洗劫一空，留下"南山"号像被扔到暴民中的活物一样。朱克斯被迫不断地向船长报告新的不幸情况，比如两只船失踪了，麦克沃尔总是用同样简洁、平淡的口吻喊道："好吧。"或者说没有办法。康拉德写道，这个声音在巨大的噪音不和谐中具有宁静的穿透效果，就像在最后一天，天塌下来的时候，说出自信的话语。

说到天塌下来，现在向他们逼近的是一条白色的泡沫线从如此高的地方冒出来，毫无疑问，飓风在后面挖出了一个可怕的深坑。这艘船抬起船首跃起。然后，随着撞击声和风的咆哮，成吨的水落在甲板上。"南山"号直直地沉入空心部分，仿佛要越过世界的边缘。而后，"南山"号设法慢慢地重新站起来，摇摇晃晃，就好像必须用船头举起一座山一样。舵机已经被扯掉了，轮机长说，"再遭受一次袭击，'南山'号就不复存在了"。幸运的是，他们发现自己处在台风眼，这是暴风雨再次来临前的短暂喘息之机。麦克沃把其他船员召集起来，对他们说："不要被任何东西吓倒，让船面对现实。"麦克沃的策略似乎起了作用，因为我们知道，接下来，"南山"号就一瘸一拐地驶进了港口，看上去就像被用作射击练习了，但除船员和乘客的几处骨折外，人员并没有受重伤。

船长为妻子写了他与台风的战斗记录，但妻子觉得太无聊，她甚至没有注意到有两个小时的时间，丈夫认为他的船即将沉没。轮机长在给妻子的信中说，尽管麦克沃是一个很简单的男人，但他刚刚做了些相当聪明的事情，尽管没有告诉她是什么。故事的最后一句话留给了朱克斯，他对队长的评价是，"作为一个愚蠢的人，他总算脱身了"。

6. 景　象

　　最早以风暴为特征的一幅主要画作也是最神秘的一幅。事实上，意大利文艺复兴时期大师乔尔乔内（Giorgione）于 1506 年创作的《暴风雨》（*The Tempest*）还有其他名字，比如《士兵》（*The Soldier*）和《吉卜赛人》（*The Gipsy*）。画布的右侧坐着一位女人正喂她的孩子，全身上下只披了一条披肩。画布的左侧站着一个拿着棍子的男人。两者之间没有互动，甚至不清楚其中一方是否知道对方的存在。靠近男人的地方是几根断裂的柱子，在他后面很远的地方是一座小镇，小镇乌云密布，一道闪电划破天空。拜伦认为这是他见过的最令人愉快的画面，颂扬着这个女人：

> "一生一世的爱，不是理想的爱，
>
> 不，也不是理想的美，那个美好的名字，
>
> 但是更好的东西，非常真实。"

　　早在美术艺术描绘风暴之前，风暴就已经在更实用

布面油画《加利利海上的风暴》，伦勃朗，作于 1633 年

意大利奥尔蒂斯一所教堂 17 世纪的还愿画

的作品中得到描绘，被称为许愿画和还愿画。这些作品旨在求得或感谢神的帮助。这一传统可以追溯到很久以前。古希腊的一个故事讲道，有一天，在萨莫色雷斯岛上的一个圣所，一个男人试图说服持怀疑态度的朋友，神确实关心发生在人类身上的事情，为了证明他的观点，他指着圣所周围的许多画的祈祷板，表示多亏了这些板，水手们逃脱了风暴的暴力，安全地到达了港口。在伦勃朗的时代，许多还愿画都形成了这样一种模式：画的下半部分是祈祷者逃脱海上风暴，而画的上半部分是拯救了他们的圣人形象。这个传统跨越了大西洋，例如魁北克的圣安妮教堂就有一个，指的是 1709 年的一场暴风雨差点毁掉圣安妮船。一位牧师跪在甲板上，恳切地祈求获救。最终船上所有人都逃了出来，为了表示感谢，船长和船员们在帆布上画了一幅油画，描绘了船、暴风雨中的大海和祈祷的人。北美的其他早期风暴画作虽有不同的目的，但有着同样实用性，是由船舶所有人或保险公司制作以表明已采取一切可能措施来防止海难，表明灾难是神的旨意，而不是船员疏忽的结果。其中有一幅未注明日期的水彩画，画的是"波罗的海"号帆船在南塔开特岛浅滩上，所有的东西都被冲下甲板，有两个人淹死了。

伦勃朗创作《加利利海上的风暴》时，风景画首次开始作为一种受人尊敬的流派出现。它的领军人物之一是伟大的法国大师尼古拉斯·普桑（Nicolas Poussin）。

水彩画画的是--艘纵帆船在南塔开特岛1.8米深的水里抛锚,甲板上被冲得一干二净,两个人倒在船里,匿名艺术家,作于18世纪中期

他的大部分作品都以历史或神话为主题,在早期作品如《阿尔卡迪的牧人》(1637—1638)中,风景通常对人物起到辅助作用。后来,风景开始抢尽风头。在他1651年的作品《暴雨中的皮拉摩斯与提斯柏》中,暴风雨为这对来自古巴比伦的注定失败的恋人的故事提供了一个合适的背景。他们的父母禁止他们的结合,他们试图逃离城市,后来因为悲剧性误解他们为彼此自杀。人类的主角都很小,被狂风吹弯的树木和被闪电撕裂的黑色天空衬托得矮小。普桑写道,他曾试图模仿:

"突如其来的狂风、充满黑暗和雨水的空气、闪电和雷电等的影响……画里的每一个人物都随着天气的变化而变化:有些人在尘土中奔跑,随风而去;

布面油画《暴雨中的皮拉摩斯与提斯柏》，尼古拉斯·普桑，作于 1651 年

布面油画《暴风雨中的战舰》，鲁道夫·巴胡真，作于 1695 年

另一些人则相反，逆风而行，用手挡住眼睛，艰难地走着……在这种混乱中，灰尘以巨大旋涡的形式上升。"

当普桑着手进行四个季节的系列绘画时，他选择在《冬季》（1664）中描绘挪亚的洪水，这可能是他最后的作品。当挪亚方舟之外的人类挣扎着爬上小船时，天空再次被愤怒的云层覆盖，闪电劈开。

在 17 世纪的荷兰，西蒙·德·弗列格（Simon de Vlieger）和鲁道夫·巴克海曾（Ludolf Bakhuizen）等陆地和海景画家开始描绘自然主义风暴场景，其他艺术家如意大利画家弗朗西斯科·瓜尔迪（Francesco Guardi）也是如此，他以描绘威尼斯宁静的景色而闻名。这一时期的画作通常都有一片蓝天，预示着即将到来的好天气，并提醒人们风暴是自然规律的一部分。

但到了 18 世纪末，一种黑暗的情绪开始出现，法国画家克劳德·约瑟夫·韦尔内（Claude Joseph Vernet）等人使用了非常鲜明的明暗对比，在这种对比下，微小的人物形象摆出痛苦的姿势。当然，对于浪漫主义画家来说，风暴是天赐之物。毕竟，浪漫主义的一个先驱是被称为"风暴与压力（Storm and Drang）"的德国文学运动，很快，在整个欧洲，艺术正从纪律、理性和惯例转向情感和激情。浪漫主义作品不是强调风暴的短暂性，而是在可怕的自然力量面前凸显人类的无能为力。J.

M. W. 透纳（J. M. W. Turner）也许是最伟大的浪漫主义画家，尽管深受荷兰传统的影响，但仍会将陷入绝望斗争的人物置于他早期风暴画的中心位置，比如 1810 年的《运输船遇难》。一位经验丰富的海军上将被作品震惊了，惊呼道："任何船都不能在这样的海洋中生存。"透纳取得了巨大的成功，但奥古斯都·考科特（Augustus Callcott）和乔治·菲利普·雷纳格尔（George Philip Reinagle）等其他海洋画家出现挑战他的卓越地位时，这位从不畏惧竞争的大师，将他的艺术引向了一个新的方向。

1812 年，他采用了一种创新的构图，以风的巨大

布面油画《在暴风雨中遇难》，克劳德·约瑟夫·韦尔内，作于 1770 年

布面油画《运输船遇难》，J.M.W. 透纳，作于 1810 年

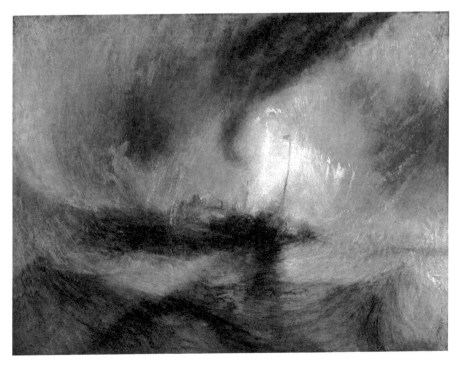

布面油画《暴风雪——驶离港口的汽船》，J.M.W. 透纳，作于 1842 年

布面油画《惊涛骇浪的布莱顿》，约翰·康斯特布尔，作于 1828 年 7 月 20 日

旋涡和和大片乌云下的雪为基调，记录了汉尼拔和他的军队在地形、天气和当地部落之间的艰难战斗。人物形象只能在画的底部看到，与可怕的自然力量相比完全是小巫见大巫。在他最后几年里，透纳所画的风暴画作变得越来越抽象。在 1844 年首次展出的《雨、蒸汽和速度——大西部铁路》中，我们可以看出火车头的形状和后面的车厢，隐约可以看到两座桥，还有河上的一条小船，但画布的大部分都被蒸汽和旋转的雨水占据了。在《暴风雪——驶离港口的汽船》中，如果说有什么区别的话，那就是这艘船更不明显，而大自然召唤出的污浊天气的螺旋形旋涡正证明了谁是海上最现代的船只的主宰。

据说，透纳曾把自己绑在一艘船的桅杆上，以便能更好地观察海上的暴风雨，韦尔内（Vernet）也有过类似的做法。与透纳同时代的伟大英国画家约翰·康斯特布尔（John Constable）也创作了风暴画，虽然他的画不如透纳的画那么风格化，但在风暴画中手法转向了抽象。在《惊涛骇浪的布莱顿》（*Stormy Sea*，*Brighton*，1828）中，他省略了人的元素，用自由奔放的笔触表达，大海几乎与天空融为一体。

许多美国画家都受到透纳和康斯特布尔的影响，也

布面油画《卡茨基尔山脉的暴风雨》，贾斯珀·克罗普西，作于 1851 年

布面油画《人生的航行: 成年》, 托马斯·科尔, 作于 1842 年

受到了新世界更极端的风暴的启发。贾斯珀·克罗普西
（Jasper Cropsey）曾在横渡大西洋的旅行中看过英国大师
的作品，认为风暴能够唤醒人们内心最深处的阴郁、担
心和恐惧，或者通过人类的存在传达激动人心的喜悦和
欢喜的感觉。哈得逊画派（Hudson River School）的创始
人托马斯·科尔（Thomas Cole）在伦敦遇到了康斯特布
尔。他在 1835 年画龙卷风时，采用了一种简单、自然的
方法，但后来他对风暴作为一种隐喻变得更感兴趣。在
他系列作品的最后一幅《帝国历程》（*The Course of Empire*,
1836）中，一个透纳型云旋涡聚集笼罩在一座被摧毁的
巨大城市上空。科尔指出："一个野蛮的敌人已经进入了
这座城市。一场猛烈的暴风雨正在肆虐。"同样，在他的
《人生的航行》（1842）系列中，童年和青年时期天空平
静，而成年时期则有暴风雨。伊曼纽尔·鲁茨（Emanuel
Leutze）1851 年著名的历史画作《华盛顿横渡特拉华河》

布面油画《华盛顿横渡特拉华河》，伊曼纽尔·洛伊兹，作于 1851 年

布面油画《雷暴来临》，马丁·约翰逊·海德，作于 1859 年

中，阴沉的天空被一些人视为美国革命者最黑暗的日子的象征，当将军坚定地挺起胸膛，而他的船在冰冷的水面上航行时，他们正从这些日子中走出来。同样，马丁·约翰逊·海德（Martin Johnson Heade）在 19 世纪 90 年代末创作的一系列强有力的风暴画作，往往被解读为紧张局势加剧的信号，预示很快就会爆发美国内战。

印象派画家也是透纳的崇拜者。1886 年 10 月，莫奈（Monet）前往布列塔尼海岸附近的贝勒岛。天气相当阴冷，暴风雨肆虐了三天，莫奈说："能看到这样的大海真是不寻常，多么壮观！大海如此的狂野，你不禁会想它是否能恢复平静。"莫奈表示观看这样的景色是一种快乐，在风暴平息时他反而心烦意乱。然而，魔鬼般的大海难以描绘。当然，作为一名印象派画家，他总是在天气最恶劣的时候出门，当地人困惑地看着他工作。他穿着靴子，裹着羊毛，用油布裹着，还戴着风帽。狂风有时会夺走他手中的调色板和画笔。不管怎样，莫奈还是坚持下去，像上战场一样继续工作。他的任务是捕捉风暴转瞬即逝的壮观景象。无论是身体上还是艺术上，历经艰辛以后，他创作出了一幅杰作《贝勒海岸的暴风雨》。

那些追随印象派的画家经常通过各种各样的前卫艺术流派来诠释风暴，这些流派在 20 世纪初的艺术中不断发展。1893 年，挪威表现主义画家爱德华·蒙克（Edvard Munch）在海边村庄创作了《风暴》。从前景的岩石，我

们可以推断出是在海边，但却看不到水。背景中，一间
屋子里的迎宾灯亮着，但在屋子前面，一棵树几乎被风
吹得对折了，风还吹动了一些女人的头发，她们用手捂
住脸。她们是渔民的妻子，正极度担心自己的丈夫吗？
在接下来的 10 年里，伟大的奥地利画家古斯塔夫·克
利姆特（Gustav Klimt）创作了一幅极为不祥的荒芜风景
画——《雷暴来临》，画中一棵用点描法创作的白杨树正
处在危险当中。利兹伯格（Litzlberg）的这棵树在这次
风暴中幸存下来，但却在 1928 年被闪电击倒。大约在
同一时期，野兽画派艺术家浮士德·劳尔·杜飞（Fauve

布面油画《贝勒海岸
的暴风雨》，莫奈，作
于 1886 年

Raoul Dufy）创作了一幅典型的欢乐作品《圣阿德雷斯的风暴》(*Storm at Sainte Adresse*)，树木被风剧烈摇晃，船只和游艇以极端的角度斜靠在水面上，所有这些都在弯曲地平线上被捕捉到，充满了鲜艳的色彩。伟大的大师亨利·卢梭（Henri Rousseau）创作了《惊讶》画作，描绘了当大雨倾盆、闪电划破天空的时候，一只老虎在丛林中等待着扑向一只猎物，猎物没有出现在画中。

在 19 世纪的美国，托马斯·科尔（Thomas Cole）用相当传统的风格画了一幅龙卷风，而在 1929 年，地区主义者约翰·斯图尔特·库里（John Steuart Curry）将堪萨斯上空的龙卷风画出了漫画书里的样子。据库里的

布面油画《风暴》，爱德华·蒙克，作于 **1893 年**

遗孀说，库里实际上从未见过龙卷风，但任何像他一样在堪萨斯州长大的人，都会从遇到龙卷风的人那里听到很多关于龙卷风的描述，看到很多龙卷风造成破坏的照片。一个家庭带着一只猫、一只狗和一个婴儿逃离的家园，据说与这位艺术家成长的地方很相似。这幅画描绘了一个肌肉发达、方下巴的丈夫和一个脸色苍白、惊恐不安的妻子，受到了现代主义批评家的嘲笑，但库里认为自己正在一场探寻新的美国绘画风格的运动中，这种绘画风格有别于席卷欧洲的潮流，也有别于基于先驱和前沿的传统价值观。其他利用美洲极端天气的艺术家包括温斯洛·霍默（Winslow Homer），他画了许多海上剧烈风暴，19世纪最后几年在巴哈马群岛时，他创作了有关飓风及其破坏性后果的水彩画。美国印象派画家柴尔德·哈桑（Childe Hassam）创作了大量关于频繁席卷纽约市的猛烈暴风雪大气研究的画作，与他同时代的约翰·斯隆（John Sloan）则生动地描绘了纽约人在第五大道逃离暴风雪的情景。

电影出现时，风暴为特效提供了一个绝佳的机会。一部著名的早期电影是由伟大的美国导演约翰·福特（John Ford）于1937年制作的《飓风》(*The Hurricane*)，该影片获得了奥斯卡最佳音效奖。15分钟接连发生的热带风暴构成了故事的高潮，故事讲述了一个冷酷无情的法国殖民政权在南海岛屿上迫害一个精神自由、心地善良的土著人。树木连根拔起，房屋倒塌，大片的残骸卷

《雷暴来临》, 古斯塔夫·克里姆特, 作于1903年

向海岸, 最后岛上的教堂被摧毁, 所有这一切都伴随着疯狂的呼啸的狂风、令人头晕目眩的雨以及人恐怖的尖叫声。《纽约时报》的评论家称这是由一位初次接触地震和蝗灾的特效导演创作的 "一场把你从乐池吹到第一夹层的飓风"。在暴风雨中, 一位法国总督的军官想要驾着一艘纵帆船去追逐刚刚越狱的主人公, 但一位好心的医生警告他, 如果他这么做, 他将听到上帝的嚎叫和嘲笑。

水彩石墨画《巴哈马飓风》，温斯洛·霍默，作于1898年

布面油画《惊讶》，亨利·卢梭，作于1891年

布面油画《第五大道的暴风雪》，柴尔德·哈桑，作于 1907 年

而且，人们感觉到飓风具有某种要素，即使不是神圣的，也具有诗意的正义感，这是傲慢的殖民者带来的。如果是这样的话，这是一个不完美的正义，因为法国总督和他的妻子在大多数当地人被杀的时候幸存了下来。

将近 70 年后，罗兰·艾默里奇（Roland Emmerich）非常成功的灾难片《后天》（*The Day after Tomorrow*，2004）的特效团队一定有一个非常满的时刻表。随着地球的气候变得恶劣，他们在德里召唤出一场暴风雪，在东京召唤出葡萄柚大小的冰雹。很快，有史以来最强的飓风就开始肆虐了，不过大部分时间是在银幕后。但银幕上确实有一组龙卷风席卷而来，摧毁了洛杉矶，把汽车抛向空中，撕裂建筑物，吹倒人类，甚至抹去了著名的好莱坞标志；苏格兰遭遇暴风雪，气温骤降至零下150摄氏度；纽约遭遇可怕的暴雨，齐腰深的洪水淹没了街道，产生了6层楼高的巨浪。下一个部分主题是所有暴风雪之母。我们认识到，所有这些现象都是极地冰川融化改变洋流的结果，它们正在融合，形成一场巨大的全球风暴，这将改变地球的面貌。由于三场大飓风，导致整个地球从太空中无法看到，因此这一预测显然是正确的。每场飓风都有一只眼睛，里面盛着极冷的空气，一旦接触到任何东西，就会立即冻结。

在此之前，美国顶尖优秀人士对气候变化不屑一顾，现在开始注意到了，正好赶上一些惊人的坏消息。这场超级风暴持续10天，整个北半球被冰雪覆盖，气温骤降至上一个冰河时代的水平。美国南部的居民需要撤离。对于那些在北方的人，我们无能为力。有趣的是，成千上万的美国人试图非法越境时，墨西哥关闭了边境，只有当美国总统同意免除所有拉丁美洲的债务时，墨西哥会重新开放边境。考虑到人类能否生存，这位主人公——一位气候学家，认为如果我们从我们的错误中吸取教训的话我们就可以做到，总统在电视上为自己过去认为可以随意消耗地球资源的错误道歉，并感谢那些正为美国难民提供住房的国家。这部电影凭借其特效获得了英国电影学院奖，同时也被美国环境媒体协会选为年度最佳影片。评论家倾向于同意《芝加哥太阳报》(*Chicago Sun-Times*) 的观点，即特效是惊人的，不过这份报纸也抨击这部电影情节陈腐。而《纽约客》(*New Yorker*) 认为这可能造成环境事业的破坏："整部影片非常枯燥、编排拙劣、居高临下，这可能会适得其反，观众逃离电影院，发誓永不重温。"

这场风暴作为启示录，虽然只是在国内层面，也出现在科恩兄弟 (Coen Brothers) 2009 年的黑色喜剧《严肃的男人》(*A Serious Man*) 中，不过该片对特效专家并没有什么要求。主人公是一位美国犹太物理学教授，拉里·戈普尼克 (Larry Gopnik)，他发现自己的生活充满了烦恼。他的妻子宣布想离婚，并让他搬到一个汽车旅馆，妻子清理他们的银行账户。很多匿名谴责他的信件发送到他任教的大学，他的律师在提出关键建议时突然身亡，他的哥哥面临教唆罪指控，拉里向拉比寻求建议，但他们也思路不清，没有帮助，甚至找不到人。突然，隐喻性的云层出现了一个缺口。拉里在大学的上司

《后天》(2004)：东京
葡萄柚大小的冰雹

《严肃的男人》(2009):
龙卷风来临

暗示说他的工作是安全的，不会被解雇。一段时间以来，主人公一直在一个两难的境地中挣扎：他应该接受大笔贿赂让一个他打算不给及格的学生及格吗？拉里决定这样做，改了男孩的分数。电话铃立刻响起。是医生要他马上去看胸部 X 光检查结果。与此同时，拉里的儿子正要和他的同学从学校疏散到一个躲避龙卷风的地方，但是老师开门时遇到了麻烦。他们都站在外面等待，风真的开始刮起来了，不祥的乌云带着卷须离地面越来越近。然后是演职员表，电影结束。

　　那么这一切意味着什么呢？拉里即将从他的医生那里得到的坏消息会让他看淡其他所有的麻烦吗？龙卷风这一更大的灾难会让可怕的医学消息变得不那么重要吗？或者整部影片只是一个充满了离奇、无关联事件的乱七八糟的故事？

　　1939 年电影《绿野仙踪》(The Wizard of Oz) 的开头，16 岁的朱迪·加兰（Judy Garland）饱含深情地唱着她曾在摇篮曲中听过的彩虹之上的遥远国度。朱迪扮演的角色多萝西·盖尔（Dorothy Gale）因为她的狗咬伤了一个令人讨厌的邻居而心烦意乱，现在正面临被打的危险。女孩希望她能去一个地方，在那里麻烦会像柠檬汁一样融化。几分钟后，一场龙卷风将她从堪萨斯州的家中迅速卷到了空中。这时，影片变成了彩色的，多萝西发现自己来到了一个充满奇异生物的地方，那里有稻草人、铁皮人、胆小鬼狮子和一个想要杀死她的邪恶女巫，女巫看起来很像被她的狗咬过的邻居。但是女主角越来越渴望回家，最后一个好女巫告诉了她如何回家。她只要不断重复咒语："没有比家更好的地方。"咒语生效了！多萝西发现自己回到了床上，周围都是她的朋友和亲人。她被暴风吹进来的窗玻璃撞昏了，所有的历险都只是一场梦。女孩发誓再也不离开堪萨斯了。

像小说一样，这种利用风暴将角色带入另一个世界的方式也是电影的惯用手法。2012年，《少年派的奇幻漂流》由屡获殊荣的导演李安（Ang Lee）根据扬·马特尔（Yann Martel）的一部小说改编而成。一场暴风雨把一个男孩派和一只老虎困在一艘救生船上，这样的电影不多见。派的父母在印度经营一家动物园，但他们遇到了当地议会的麻烦，因为当地议会拥有动物园所在的土地。于是，派的父亲决定将这些动物运到太平洋对岸的加拿大出售，用赚来的钱开始新的生活。从马尼拉出发的四天时间，这艘船带着"大陆一样缓慢而巨大的信心"

前行。在经过地球上最深的海沟时，船头顶着巨大的波浪，雨水倾盆而下。在他们家人所在的底部船舱，派听到了远处暴风雨的声音，于是决定上去看看。起初，当他通过极度倾斜的甲板时，他被壮观的景象所振奋。接着，一个大浪冲到船上。当他试图回到船舱去拉响警报时，他发现自己和一匹斑马一起沿着一条被水淹没的通道冲了过去。他被迫回到甲板上，看到他家动物园的一些鸟类和动物在暴风雨中乱蹦乱撞。船员们将派扔进一艘救生艇，当救生艇降下时，斑马跳了进去，把一名水手撞进了大海。巨浪使船翻来覆去，但派设法坚持住了。在远处，他看到船的灯光慢慢地消失在海洋的表面，意识到至少就人类同伴而言，只有他一个人了。接下来是一场与恶劣天气的生存斗争，但从某些方面来说，恶劣天气对他来说并不是什么大问题。派不得不与受伤的斑马、一只猩猩和一只鬣狗分享他的船，这只鬣狗杀死了另外两只动物，对派也没表现出一点善意。

老虎理查德·帕克突然从船的防水布下面跳出并将鬣狗吃掉时，鬣狗的问题就解决了，但派随后不得不设法与一只非常饥饿的老虎共用一艘小船。他采取了各种各样的权宜之计才活了下来，还搬到他用救生圈和船桨临时制作的小船上。他和老虎都捕鱼，派甚至做了一个临时梯子，这样老虎就可以在捕鱼后回到船上。在海上待了几个月，当他们都濒临死亡的时候，他们终于到达了陆地，而派因为看到老虎没有回头看他一眼就跑进了

《少年派的奇幻漂流》
（2012）：由于一场毁
灭性的风暴，一个男
孩被迫和一只老虎共
用一条船

丛林，内心深深地受到伤害。

电影风暴也可以作为一种手段，让一组角色被幽闭地禁锢在一个高压锅般的环境中，就像约翰·休斯顿（John Huston）1948 年的紧张惊悚片《基拉戈》(Key Largo）一样。由亨弗莱·鲍嘉（Hurey Bogart）扮演的前陆军少校弗兰克·麦克克劳德（Frank McCloud）出现在佛罗里达礁岛由一名士兵的父亲及其遗孀经营的一家酒店，向他们讲述了这名士兵最后的时刻。一群歹徒已经住在宾馆，由邪恶的约翰尼·罗科（爱德华·G.鲁宾斯饰）率领，他们从古巴带着一批假币来到这里，想卖给另一群讨厌的人物。当一场飓风把所有人都关在旅馆里时，他们的计划面临着脱轨。罗科擦着额头，变得焦躁不安时，他的逃亡船消失了，他的买家被暴风雨挡住了。然后，酒店老板开始给他讲 1935 年几千米外的一场飓风

《基拉戈》(1948):
飓风囚犯，局势紧张
加剧

把800人卷到海里的故事。接着，他讲述了风速如何达到每小时320千米以及整个城镇被摧毁的情况。然后他大声祈祷，当前的风暴会杀死罗科。麦克克劳德也嘲笑这个歹徒，告诉他用枪威胁飓风，"如果它不停止，就开枪"。当海浪拍击，树木被连根拔起时，歹徒谋杀了一名警察，洛克对他酗酒的女友非常恶劣，以至于她偷偷把一把枪给了麦克克劳德，当歹徒们让麦克克劳德带他们坐船去古巴时，麦克克劳德用这把枪杀死了歹徒们。当麦克克劳德安全的消息传到旅馆老板那里时，阳光从旅馆的窗户照了进来。

　　一部充满特效的电影并不意味着其无法讲述一个简单而感人的人类故事。以2000年上映的《完美风暴》为例。片头称影片"根据真实故事改编"。尽管主人公渔船船长比利·泰恩（乔治·克鲁尼饰）的家人试图起诉

马萨诸塞州的格洛斯特,《完美风暴》中命运多舛的渔船起航的地方

电影制片方, 称他们对主人公的描述不准确, 但没有成功。影片以马萨诸塞州格洛斯特市政厅的一个纪念馆开场, 那里列出了几十年来在海上遇难的人的名字。风暴在这里显然不是什么新鲜事。泰恩 (Tyne) 刚刚驾船进港, 他的船主安德烈·盖尔对他极少的捕获量感到悲伤, 而他的船员对他们的工资感到失望。为了改变运气, 他说服他的船员前往遥远的佛兰德斯海角, 很快鱼就跳上了他们的船。这是一次大丰收, 但他们的制冰机坏了。他们必须在鱼变质前赶回家。而在岸上, 一位电视气象员注意到发生了一件非常奇怪的事情。格蕾丝飓风 (Hurricane Grace) 即将与另外两个主要天气系统相撞。"你做了一辈子气象学家, 可能从来没有见过这样的事情", 他喘息着说。这将是一场史无前例的灾难, 一场完美的风暴。

泰恩收到了严重的风暴警报, 他告诉船员们, 如果

《风暴》(2009)，根
据 1953 年荷兰真实
事件改编

他们想在鱼仍可出售时回到岸上，就必须战胜 15 米高的
海浪。船员一致决定要战胜它。泰恩喜欢当渔船船长。
"世界上还有比这更好的事情吗？"电影一开始，他问另
一位船长琳达（Linda）。现在出现了一系列真正可怕的风
暴，主要集中在"安德里亚·盖尔"号上，但也包括从
游艇上营救的 3 个人，以致当救援直升机必须在海中下
水时导致船员丧生。

　　起初，泰恩和他的船员们觉得与天气的斗争令人振
奋，但随着海浪将渔船甩来甩去，砸碎窗户，撕毁甲板
上的设备时，船长最终宣布他们将不得不放弃返航的尝
试。但是为时已晚。他们面临着一个极为恐怖的海浪，
像一座山耸立在他们之上，顶部有一个不祥的悬垂物。
"安德里亚·盖尔"号艰难地撑起大约一半的高度，但随
后倾覆，船上所有人都失踪了。在格洛斯特的追悼会上，
会众唱道："哦，我们为海上遇难的人们哭泣，请听我们
的声音。"琳达含泪发表了一篇动人的演说。死者躺在一

个没有标志的巨大坟墓中，没有墓碑供我们献花，我们只能在心中和梦中去拜访他们。最后，我们看到他们的名字被加到了格洛斯特遇难者的长长的名单上。电影真正的核心风暴是1991年的"万圣节东北"，它吸收了飓风"格雷斯"，风速达到160千米/小时，海浪达到30米。造成9人死亡，包括"安德里亚·盖尔"号上的6名船员。

另一部取材于真实事件的同类电影是荷兰制作的《风暴》(*The Storm*)，这部电影拍摄于2009年，基本是以纪录片的形式拍摄的，讲述了1953年的风暴潮，这场风暴潮造成荷兰1 800人死亡，英国及其沿海地区超过600人死亡。我们确实看到了大雨滂沱、狂风怒号、洪水猛冲、房屋被毁、尸体在残骸中漂浮，但故事的中心（虚构）是关于一位名叫朱莉娅（Julia）的年轻单身母亲和她的孩子欧内斯特（Ernest）。洪水淹没了他们的农舍，淹死了她的母亲和妹妹，朱莉娅试图保护她的孩子，把他放在一个尽可能高的小箱子里，然后用绳子把自己绑在倒塌的建筑留下的木格栅上。然而，一头牛的尸体缠在栅栏上，把栅栏拉倒，把她拖进水里。最终，她设法挣脱，试图游回来，但在她失去知觉，就要溺亡时，海军中尉奥尔多从直升机上跳下来救她。朱莉娅被送往一所军事医院，她醒来时，急切地寻找欧内斯特。奥尔多（Aldo）是孩子父亲的弟弟，他尽自己最大的努力帮助她，冒着生命危险，在洪水淹没的堤道上、在漏水的船

2015 年 5 月 24 日,
堪萨斯州约翰逊市,
风暴追逐者在行动

上、在齐胸深的水中寻找。最终他们找到了箱子,但里面没有婴儿。欧内斯特被另一个女人带走了,她的孩子几周前在一场车祸中丧生。

在当地一家已成为紧急避难所的酒店里,她把孩子藏了起来,不让朱莉娅看到,朱莉娅受到的对待明显缺乏同情心。在洪水暴发前,人们就避开她。而现在,其

他年轻母亲们都在嘟哝着说暴风雨是上帝对她罪孽的惩罚。事实上,幸存者没有得到任何优待。酒店老板想对他提供的食物全价收费,而且似乎对生意的底线比其他任何事情都更感兴趣。1953年的镜头以奥尔多、朱莉亚和其他幸存者一起乘船离开酒店而告终,尽管有些人不希望和朱莉亚在一起。然后镜头切到1971年,那时新的防洪设施正在建设中。1953年的英雄们被授予勋章。奥尔多和酒店老板都得到了一个。朱莉亚遇到了多年前带走她孩子的女人,她崩溃了,承认了自己的所作所为。母子终于重逢,朱莉亚坦荡地承认是另一个女人抚养了他18年。男孩问奥尔多是不是他的父亲,朱莉亚说不是,但是欧内斯特让他们走到了一起。朱莉亚和奥尔多的婚姻似乎很幸福,但没有迹象表明他们有孩子。在影片的结尾,欧内斯特不安地站在他的两个母亲之间的一片空白区域。

绘画和电影可能都很好,但有些人想更近距离地亲身体验风暴,20世纪50年代出现了一种新爱好:追逐风暴。美国环境保护署官员戴维·霍德利(David Hoadley)常被视为先驱。17岁时,他用8毫米镜头拍摄了一场席卷他的家乡北达科他州俾斯麦的巨大雷暴。从那时起,他开始游荡于当地气象局,趴在气象学家的肩膀上,试图弄清下一次龙卷风会在何时何地出现。霍德利说,很少有生活经历能与目睹一场凶猛的风暴相媲美,"面对自然的原始力量的一种不受控制和不可预测的纯粹体验"。

他的时事通讯《风暴轨道》使这项消遣方式得到了普及，1996 年的故事片《龙卷风》也为这项娱乐活动提供了助力，在影片中，龙卷风的追逐使一对婚姻即将破裂的夫妇重归于好。

很快，旅游公司如雨后春笋般涌现，带人们近距离接触风暴。其中一家的负责人称，他已经看到了 630 多场龙卷风。2007 年，探索频道（Discovery Channel）开始播放风暴追逐者系列节目。不过，应该是新技术为其带来了最大的推动力。互联网帮助狂热者们形成了社区，而移动电话使他们能够互相指引风暴正在酝酿的地方。笔记本电脑是他们能够在途中随时关注天气的实时变化，全球定位系统帮助他们快速到达正确的地点，而相机越来越便携、实惠，使得越来越多的追逐者可以拍摄风暴。视频网站上发布的一段龙卷风的视频吸引了 300 多万点击量。追踪者可以提供有价值的信息，帮助天气预报员做出更准确的预测，一些气象学家认为，播放正在发生的风暴的实况录像可能会使观众更认真地对待警告。

但是，即使对于专家来说，追逐风暴仍然是危险的。里德·蒂默（Reed Timmer）是驾驶装甲车进入龙卷风的专家，他表示其耳膜因为气压的急剧下降而破裂。受欢迎程度越高的风暴，追逐的危险性也越高。霍德利认为追逐风暴好像已经变成了一场马戏。在拥挤又泥泞的道路上，人们很可能被困在暴风雨中，因此需要多加小心。曾在探索频道的节目中做过专题的追逐风暴的作家

提姆·萨马拉斯（Tim Samaras）抱怨道："在俄克拉荷
马州龙卷风肆虐的日子里，路上可能会有数百名依次排
开的追逐风暴的人。"萨马拉斯在龙卷风的路径上放置探
测器，为我们了解龙卷风做出了很大贡献。2003 年，在
南达科他州曼彻斯特的郊区，有一个探测器记录到气压
下降了 10 千帕，这是此前所记录到的最大压降，正如他
说的那样，这个小镇被龙卷风完全吸进了云层。萨马拉
斯的追逐风暴生涯已有 25 年，在 2013 年的龙卷风季节，
他和 24 岁的儿子保罗（Paul）以及同事卡尔·杨（Carl
Young）一起继续追逐。萨马拉斯以谨慎著称，他总是敦
促别人要小心，如果觉得任务太冒险，就毫不犹豫地放
弃，有时会惹恼同事。5 月 31 日晚上 6 点左右，三人在
俄克拉荷马州的埃尔里诺附近发现了龙卷风。几天前他
们在堪萨斯州看到的一场龙卷风，在太阳的照耀下，就
像一个华丽、发光的橘子，云柱像肚皮舞者一样起伏，
但这次的不太上镜，它是一个模糊的黑色楔形物。龙卷
风由雨包裹着，因此萨马拉斯团队看不清它的方向，也
看不出它正在摧毁建筑物，将电线杆连根拔起，把他们
的车辆甩来甩去。他们相机上的最后一个有声评论来自
杨："哇！真是一头野兽！"大约一小时后，他们撞坏的
车找到了。萨马拉斯死在里面，保罗和卡尔的尸体在 400
米外的水沟里，此外，该地区还有 20 人丧生。

7. 未 来

"作为一个大西洋东部边缘的岛国，我们虽然对秋冬期间的暴风雨习以为常，但持续这么长时间的暴风雨还是头一次见。"第四频道新闻天气预报员利亚姆·达顿（Liam Dutton）在 2013—2014 年的冬天如是说，那年的冬天洪水涨跌创历史纪录。这场风暴始于 2013 年 10 月 27 日的圣犹大（St Jude）风暴，造成 4 人死亡，其中包括一名 17 岁的女孩，她在一棵树倒在一辆房车上时被压死，以及一男一女在连根拔起的大树引发瓦斯爆炸后被困在碎石下。超过 60 万户家庭断电。仅一个多月后，12 月 5 日的一场大风暴造成了自 1953 年以来英格兰东海岸最严重的风暴潮，一些地方的水位实际上比加冕年毁灭性的洪水时还要高。幸运的是，洪水防御和预报的改善使死亡人数降至 2 人。更多的极端天气给许多人带来一个悲惨的圣诞节。7 万户家庭断电，4 人死亡，其中一人死于一场冰雹引发的车祸，另一人因试图从暴涨的河水中救出自己的狗而淹死。对英国来说，这是自 1969 年以来暴风雨最严重的 12 月，而对苏格兰来说，这是有记录以来最潮湿的 12 月。

　　新年也没有带来任何喘息的机会。2014 年 1 月 3 日，由于帕雷特河和通河决堤，萨默塞特郡穆彻尼村的水位被切断，造成了近一个世纪以来最严重的洪水。5 天后，斯泰恩斯、切特西和威布里奇等家乡也被淹了。雨仍在下着，当环境部长欧文·帕特森（Owen Paterson）访问萨默塞特郡时，当地居民愤怒地抗议 20 年来未能疏浚河流，称这是造成此次危机的原因。2014 年 1 月是英格兰中南部和东南部有史以来最潮湿的时候。然后二月份像狮子一样来了，一场巨大的风暴摧毁了通往德文郡德力士西部乡村的主要铁路线。泰晤士河水位升至 60 年来的最高水平，因塞文河（Severn）泛滥，伍斯特（Worcester）部分被淹没了。在萨默塞特平原区，摩尔兰村的防洪堤已经被淹没，另外三个村庄的居民也被警

2013 年 10 月"圣犹大"风暴在伦敦北部造成的损失

2005 年卡特里娜飓风过后,新奥尔良的一座被掀翻了地基的房子

告撤离家园。随着水位上升,政治温度也随之上升。首相必须亲自控制这场危机,而他的一位同事则将疏浚河流的不作为归咎于环境部。环境部部长反驳说,没有提供资金是政府的错,并补充说他的员工做了勇敢的工作,试图应对前所未有的自然力量。萨默塞特郡的一名议员称他为懦夫,并威胁要将他的头伸进厕所。而暴风雨还没有结束。2 月 15 日,一波怪异的海浪击入英吉利海峡一艘邮轮的窗户,导致一名 85 岁的乘客丧生;一名出租车司机在伦敦市中心因其车子遭落下的砖石击中而死亡。

　　那么,这仅仅是一个异常的年份,还是风暴变得越来越猛烈了呢?自有记录以来,英国 5 个最潮湿的年份中有 4 个发生在 2000 年以后,世界其他地区也一直在经历更恶劣的天气。以美洲为例,2004 年,有史以来第一次有飓风在巴西海岸附近形成。它在距离里约热内卢约 800 千米的地方登陆,造成 3 人死亡,摧毁了农作物和大约 1 500 座房屋。2005 年,一位美国气象学家报道说,北大西洋和北太平洋西部的风暴比 1949 年强 50%，持续时间长 60%，尽管部分原因可能是我们越来越能准确捕捉那些在海上形成但从未登陆的风暴。2005 年 8 月，卡特里娜飓风成为历史上损失最大的风暴。卡特里娜风速超过 270 千米 / 小时，在新奥尔良的防洪堤上凿出了巨大的洞，淹没了该城市的五分之四。1 800 多人死亡，估计损失约 800 亿美元。据估计，所有类型的自然灾害中，卡特里娜飓风造成的损失排第 3 位。

2010 年，巴基斯坦遭遇 80 年来最猛烈的季风降雨，导致多达 2 000 万人陷入洪灾，并造成约 1 750 人丧生，超过 100 万所房屋被毁。联合国负责人道主义事务的副秘书长约翰·霍姆斯（John Holmes）称，这场灾难是近

2010 年 9 月巴基斯坦的洪灾

年来所有国家面临的一场最具挑战性的灾难。2011 年秋天，巴基斯坦还没有从上一场季风降雨的影响中恢复，毁灭性的季风雨再次袭来，造成 400 人死亡，数十万房屋被毁。同年 1 月，巴西遭遇了几十年来最猛烈的暴雨，泥石流造成 500 多人死亡，而持续数月的暴雨也导致了哥伦比亚前总统胡安·曼努埃尔·桑托斯（Juan Manuel Santos）说的"我们能记住的最严重的自然灾害"。他表示，300 万人卷入了这场不想离开的飓风之中。

　　2011 年 3 月起，泰国一些地区的降雨量是正常情况下的 4 倍多，8 月份，一场热带风暴来袭，造成了该国半个世纪以来最严重的洪灾。死亡人数为 800 人，另有 1 300 万人受困于这场灾难。2011 年美国有超过 550 人死于龙卷风，是 1925 年以来死亡人数最多的一年。8 月，美国东海岸遭受了飓风艾琳（Irene）的重创，这是首次导致纽约市地铁系统瘫痪的自然灾害，它还迫使 200 多万人撤离，成为美国历史上损失第六大的飓风。10 月破纪录的暴风雪"十月之雪"在美国东北部的一些地区带来了 75 厘米的降雪。同月，意大利的暴雨引发了山洪暴发，导致 9 人溺亡。圣诞节前一周，菲律宾棉兰老岛遭受有史以来最严重的台风袭击，造成 1 000 人死亡，5 万人无家可归。

　　总而言之，2011 年是不平凡的一年。事实上，全球再保险公司慕尼黑再保险（Munich Re）表示，这是全球有史以来造成损失最大的自然灾害。据美国国家

2011 年泰国洪水，半个世纪来最严重的洪水

海洋和大气管理局（NOAA）的克里斯托弗·瓦卡罗（Christopher Vaccaro）表示，这一年改写了记录簿。从严重的暴风雪到有史以来第二致命的龙卷风，再到史无前例的洪水、干旱和高温，以及有史以来第三频繁的飓风季，他们目睹了几乎每一种极端天气类型。次年，大西洋遭遇了有史以来最大的风暴——飓风，又称"超级风暴"：桑迪（Sandy），横跨 1 450 千米，是造成损失仅次于卡特里娜飓风的第二大飓风。2013 年 11 月，就在联合国抗击全球变暖峰会召开之际，菲律宾遭遇了台风"海燕"的袭击。风速接近 320 千米 / 小时，有些人认为这可能是有史以来登陆的最强风暴，超过 4 000 人死亡，约 60 万人无家可归。参加气候谈判的菲律宾代表团团长纳

德列夫·萨诺（Naderev Sano）宣称，"我们现在看到的趋势是，更多破坏性的风暴将成为新常态"，他甚至进行了两周的绝食抗议，试图说服峰会取得有意义的进展。

他的观点得到了马里兰州环境研究与政策中心的一项研究的证实，该研究发现，1948 年至 2006 年间，美国大陆上的强降雨数量增加了近四分之一。联合国宣布，虽然从 1970 年到 2004 年，一级风暴的频率保持稳定，但最强（四级／五级）风暴的数量几乎翻了一番。从理论上讲，全球变暖应该会导致更猛烈的风暴，因为天气越热，蒸发到空气中的水分就越多，而温暖的空气可以容纳更多的水蒸气，这意味着降雨强度会更强。世界正在变暖，这似乎已经很明显了，尽管对于是否应该归咎于人类仍有争议。2011 年，NOAA 指出，自 1880 年有记录以来最热的 13 年中，21 世纪的前 11 年都赫然在列，两年后，政府的数据显示，2013 年是有记录以

2011 年 10 月，"十月之雪"期间，宾夕法尼亚州发生暴风雪

来温度第四高的一年，最近 37 年中的每一年都比 20 世纪的平均温度高。英国气象局首席科学家朱莉娅·斯林戈（Julia Slingo）女士表示，所有的证据都表明，英国 2013—2014 年的冬季风暴与气候变化有关。英国前首相戴维·卡梅伦（David Cameron）也表示，他猜测情况也是如此。

关于这个问题最权威的评估可能来自联合国政府间气候变化专门委员会（Intergovernmental Panel on Climate Change，简称 IPCC）。该委员会寻求与世界各地数千名知名科学家的观点达成共识。对于一个在那些不同意

2012 年 10 月超级风暴"桑迪"袭击新泽西海滨高地后，过山车的残骸

其研究结果的机构中间激起如此愤怒的机构来说，它在表达自己观点时常常表现出无比的清醒。在其 2012 年的报告《应对极端事件和灾害的风险以推进适应气候变化：决策者纲要》中，它写道："在 21 世纪，在许多地区，强降水的频率或强降水占总降雨量的比例很可能会增加。"谈到最猛烈的风暴——热带气旋——的凶猛程度时，报告称其风速可能会增加，不过数量可能不会增加。地球物理流体动力学实验室（Geophysical Fluid Dynamics Laboratory）也做出了类似的预测：尽管可能不会再有这样的飓风了，但"在下个世纪，当前气候中最强的飓风可能会被更强的飓风抢去风头"。而且即使飓风没有变得比现在更强，也仍然有可能变得更具破坏性。因为海平面正在上升，使得风暴潮更具杀伤力，而且每天新增 20 多万人口，不断增加的人员和经济资产暴露。如果今天的英国遭受像 1703 年大风暴那样的风暴袭击会发生什

**2011 年 11 月暴洪期
间热那亚的街道**

么情况？一项关于此的分析得出结论：人员伤亡和损失
规模将是灾难性的，会造成 1 800 万财产受到损害。联
合国政府间气候变化专门委员会的报告还明确指出，贫
穷国家的人民将比富裕国家的人民遭受更多的痛苦，这
一趋势还将继续。该报告的一位编辑表示，风暴侵袭加
上海平面上升，可能会使一些地区无法居住。孟买是一
个被认为特别脆弱的城市。斯坦福大学气候科学家克里
斯·菲尔德（Chris Field）警告说，一些岛屿可能不得不
抛弃。关于是否搬迁的决定非常困难，他说："我认为这
是世界在未来将越来越频繁地面临的问题。"IPCC 的早
期报告做出了更精确的预测，2007 年的一份报告指出，
亚洲地区的气旋强度将增加 10%—20%。墨尔本大学的
戴维·卡洛利（David Karoly）表示，科学家现在对不确
定性有了更好的理解。但他并不认为这是不作为的借口，
"汽车以每小时 70 或 80 千米的速度撞上墙不太要紧，但

你还是应该系好安全带"。

但事实证明，应对气候变化非常困难。那么，如果人类能找到控制风暴的其他方法呢？正如我们所见，在古代，人们试图通过祈求神来做控制风暴，后来开始采用更理性的方法。19世纪末，人们在中欧的葡萄园和果园里发射迫击炮，试图阻止冰雹毁坏庄稼，因为一种理论认为，大气中的冲击波可以阻止冰雹的形成。当时人们认为这种方法非常有效，后来，一系列科学实验证明这个方法是无用的。为了保护乌兹别克斯坦的棉花田，苏联采取了更为雄心勃勃的措施，向云层发射火箭和炮弹，携带着银或碘化铅晶体。他们的想法是提供许多不同的核，在这些核周围会形成冰雹。这样虽然形成的冰雹数量变多，但体量变小。大量冰雹在到达地面之前就融化了，而那些到达地面的冰雹非常小，几乎不会造成什么损害。苏联也在格鲁吉亚和摩尔达维亚等其他地区尝试了这种方法，他们也声称取得了惊人的成功，称在1968年到1984年间，他们将冰雹造成的损失减少了80%，但是在美国的试验无法重现苏联的结论。在法国西南部，人们尝试用地面上的发电机来播种云层，对1965年保险索赔进行的一项调查显示，在已经播种的地区，云层比其他没有播种的地区要低41%。然而，在瑞士，播种似乎会产生更多的冰雹。2008年，当俄罗斯空军尝试使用袋装水泥播种时，偶然证明了这种方法的一个潜在的危险：其中一颗没有在空中打开，而是从房顶上摔

2011 年，德国费尔登茨，冰雹对玉米田造成损害

了进去。

　　实际上，沙尘暴可以用一种不那么高科技的方式来对付。20 世纪 30 年代，美国沙尘暴肆虐，可怕的"黑暴风雪（Black Blizzards）"遮蔽了阳光，因此政府投入巨资种植防风林和恢复草原。

　　美国也曾提出建造三座"绿色长城"来对付龙卷风。费城天普大学的陶荣佳（Rongjia Tao）教授建议，其高度要达到 300 米，长度达到 160 千米，一个建在北达科他州，一个建在堪萨斯–俄克拉荷马州边界，第三个建在得克萨斯州和路易斯安那州。这个想法并不是要保护城镇免受龙卷风的侵袭，因为这些墙不够坚固。相反，它们是通过扰乱炎热的南方和寒冷的北方空气的碰撞来阻止龙卷风的形成。建造这些墙需要花费近 100 亿美元，但这位教授表示，由于可以避免的破坏，它们很快就会收回成本。他的提议于 2014 年在丹佛举行的美国物理学会会议上提出，但很快就被其他科学家否决了，称其在理论上既不合理，也不可行。

　　控制风暴最重要的是驯服飓风。20世纪40年代，美国人开始在飓风眼周围播撒云层，使其变大，从而减缓周围的风。但是干扰热带风暴是一个高风险的策略。日本和墨西哥等国家的大量降雨都依赖于它们，而美国也出现了重要的问题。1947年，有指控称一场对飓风的播云使得它改变了航向，摧毁了乔治亚州。此后，1955年12月爆发了一场法律战，因为当时猛烈的风暴席卷了加利福尼亚北部和中部地区，洪水泛滥成灾，造成64人死亡，损失估计达2亿美元。一些受影响的人试图起诉政府和一些当时参与播云的组织。

　　美国政府毫不气馁，在1962年发起了风暴之怒计划，系统地测试飓风播种。有时观测到风速下降了30%，有时则没有变化，有时甚至变得更强。批评人士说，即使在风暴减弱时，也并没有证据表明它是由播种引起的，因此在1983年取消了该项目。从那以后，人们提出了各种各样的其他想法，比如在云层中散布煤烟以吸收阳光，或者在沿海地区建造大型风力发电场以从飓风中窃取能量，降低其破坏性。另外，也许将喷气发动机指向云层以引发较小的风暴会扰乱大风暴的进程。或者在海洋上覆盖一层油膜来防止蒸发，或在海洋上注入液氮，甚至从深海抽上来较冷的水来冷却海洋，剥夺飓风赖以生存的热量。目前，人们对这些想法是否有效可行不抱有很大的信心。

政府间气候变化专门委员会关于限制极端风暴破坏力的建议要平淡得多，比如更明智地选择我们的建房地点，建造更加坚固的建筑，以及改善排水系统等等。还有一些建议，比如更好地预测和更有效地传播预警，保护红树林等自然保护区，或者只是修建更好的道路，让人们可以更快地远离危险，这些似乎远不如将导弹射入云层或从深海中抽水等先进，但也许有一天这些做法可能有效。但正如飓风研究部主任弗兰克·马克思（Frank Marks）警告的那样："我认为即使在研究了50年后，我们对自然平衡的了解还是不够。"他认为，至少在目前，减弱热带风暴超出了我们的能力范围。他尊重这个过程的复杂性。考虑到他们所知如此之少，这相当令人羞愧。